Graupapageien

AUTORIN: HILDEGARD NIEMANN | FOTOGRAF: OLIVER GIEL

Inhalt

36 Vertrauen, Spiel & Spaß

Extras

Typisch Graupapagei

Mit Intelligenz, Raffinesse und Schönheit haben sich die kleinen grauen Gesellen in die Herzen der Vogelliebhaber geschlichen: Graupapageien zählen heute zu den beliebtesten Papageien in der Heimvogelhaltung. Ihr Charme und ihr Kommunikationstalent lassen jeden Tag mit ihnen zu einem kleinen Abenteuer werden.

Graupapageien kennenlernen

Ihr Gefieder mag auf den ersten Blick unscheinbar grau wirken, und nur der rote Schwanz lässt den zukünftigen Halter erahnen, dass er ganz besondere Vögel vor sich hat. Graupapageien sind ausgesprochene Charaktervögel, die ihre Intelligenz und ihren Humor erst auf den zweiten Blick offenbaren. Bekannt sind die silbergrauen Afrikaner nicht nur für ihre Kommunikationsfähigkeit, sondern auch für ihre Kombinationsgabe. So stellten Forscher im Freiland fest, dass Graupapageien die Geräusche ihrer Umgebung nachahmen. Diese Fähigkeit nutzten die Wissenschaftler, um herauszufinden, ob Graupapageien verstehen, was sie sagen, und ob sie dies sinnvoll einsetzen können. Mittlerweile ist bekannt, dass Graupapageien auch unbekannte Objekte in Gruppen einteilen, bis acht zählen, verschiedene Formen auseinanderhalten können und sogar die Bedeutung der Zahl Null begreifen. Diese geistige Kompetenz besitzen Grundschulkinder der ersten Klasse meist noch nicht.

Gefiederter Besserwisser

Der durch die Arbeit der amerikanischen Wissenschaftlerin Dr. Irene Pepperberg berühmt gewordene Graupapagei Alex trug maßgeblich zur Erlangung dieser Erkenntnisse bei. Er lebte mit zwei anderen Graupapageien in einem Labor und nahm dort regelmäßig an wissenschaftlichen Studien teil. Seine Artgenossen pflegte Alex als routiniertester Testteilnehmer stets zu verbessern: »Sag es besser! Sag es lauter!« Ihm haben wir die Erkenntnis zu verdanken, dass Graupapageien die Intelligenz eines vier- bis sechsjährigen Kindes besitzen und in der emotionalen Welt eines Zweijährigen leben. Leider starb Alex 2007 im Alter von 31 Jahren an Arteriosklerose – das ist ungewöhnlich früh für einen Graupapagei.

Graupapageien im Freiland

Graupapageien lieben die Gemeinschaft. In ihrem Lebensraum im äquatorialen Afrika ziehen sie in Gruppen von sechs bis 30 Vögeln umher. Gut beobachten kann man die grauen Gesellen in den sogenannten Bais, kleinen, von Waldelefanten geschaffenen Lichtungen mit sumpfig-morastigem Boden. Hier verbringen sie täglich bis zu 40 Minuten und graben im Boden nach den Wurzeln von grasartigen Seggen, durchwühlen den Dung der Elefanten nach Nahrung und fressen Erde. Das Erdreich dieser Bais ist reich an Kalzium, das die Graupapageien in erhöhtem Maß benötigen. Beim Graben kommen den Grauen ihre geraden und hohen Beine zugute, und das fast federfreie Gesicht ist nach dem Buddeln leicht vom Lehm zu befreien. Auch beim Fressen ist ihre fast nackte Gesichtshaut von Vorteil. Ölige und fleischige Früchte, zum Beispiel die der Ölpalme, zählen zu ihrer bevorzugten Nahrung. Der Fruchtsaft verklebt schnell das Federkleid und ließe sich bei einer kompletten Gesichtsbefiederung kaum noch entfernen.

Abends treffen sich die Grauen zum Schlafen in großen Gruppen. Nur in Gemeinschaft fühlen sie sich sicher und können entspannt schlafen.

Niemals allein

Tagsüber begeben sich die Graupapageien in kleinen Trupps auf Nahrungssuche. Dabei legen sie bis zu 60 Kilometer im Flug zurück. Abends sammeln sie sich auf Schlafbäumen in der Nähe von Wasser oder aber auf Bäumen auf kleinen Flussinseln. Bis zu tausend Vögel kann man auf einem solchen Übernachtungsbaum antreffen. Diese großen Gruppen geben den Graupapageien die Möglichkeit, soziale Kontakte zu pflegen und einen Partnervogel zu finden. Häufig versuchen die intelligenten Vögel, auf einem sehr dünnen, schwankenden Ast zu übernachten. Solche Äste haben den Vorteil, dass sie sich biegen, wenn zusätzliches Gewicht sie belastet. Feinde wie Schlangen oder Katzen, die sich nachts an den schlafenden Graupapagei heranschleichen, bleiben so nicht unbemerkt, und der Vogel kann rechtzeitig davonfliegen.

Während man bei anderen Papageienarten auch Schwärme mit unterschiedlichen Arten findet, fliegen Graupapageien grundsätzlich nur mit ihresgleichen. Einer der Gründe, im Schwarm zu fliegen, ist das erhöhte Sicherheitsbedürfnis der Graupapageien. Als Beutetiere handeln sie nach dem Prinzip »Viele Augen sehen mehr als zwei«. Sie fühlen sich deshalb im Schwarm sicherer und können sich gleichzeitig leichter entspannen. Droht Gefahr, so fliegen alle gemeinsam auf. Der rote Schwanz dient

Die Bais sind ein beliebter, aber auch gefährlicher Treffpunkt für die Grauen. Während ein Teil der Vögel das Erdreich nach Wurzeln von Seggen durchwühlt, halten andere Schwarmmitglieder nach Feinden Ausschau. Viele Augen sehen mehr als zwei!

den Graupapageien dabei als Signalgeber. Er zeigt den Schwarmmitgliedern, wem sie im Flug folgen müssen. Und weil sie nur mit ihresgleichen fliegen, haben alle die gleiche Körpersprache und es gibt keine Missverständnisse. Außerdem kann ein Fressfeind in dem einheitlichen Grau und Rot ein einzelnes Tier kaum verfolgen.

Auch während der Brut scheinen Graupapageien die Sicherheit der Gruppe zu suchen, denn ihre Nester liegen oft nah beieinander.

Früh übt sich: **das Graben**

Sehr junge Graupapageien buddeln in den Ecken des Käfigs oder der Voliere. Sie üben das »Graben«, ein völlig normales Verhalten. Stören Sie den Vogel jetzt nicht, sonst lernt er, dass er mit diesem Verhalten Ihre Aufmerksamkeit bekommt. Mit zunehmendem Alter lässt das Buddeln wieder nach.

Anatomie und Sinne

Bürzeldrüse

Die Bürzeldrüse liegt auf der Rückenseite am Schwanzansatz. Sie sondert ein öliges Sekret ab, das die Federn wasserabweisend macht, geschmeidig hält und die empfindliche Haut pflegt. Die Grauen verteilen das Sekret beim Putzen im Gefieder. Da sich die Bürzeldrüse leicht entzünden kann, sollte man sie regelmäßig kontrollieren.

Gefieder

Das Gefieder glänzt silbrig grau, der Schwanz ist leuchtend rot. Zarte Puderdunen im Untergefieder zerfallen zu feinem Staub, der Haut und Gefieder pflegt. Die Deckfedern liegen dachziegelartig übereinander, die Ränder der Federn sind gleichmäßig abgerundet.

Gesicht

Das Gesicht sagt viel über die Stimmung der Graupapageien aus. Schnabelhaltung, Stellung des Kopfgefieders und Bewegung der Augen zeigen, ob sich die Vögel freuen oder fürchten. Die nackte Gesichtshaut lässt sich nach einer Obstmahlzeit schnell säubern.

Augen

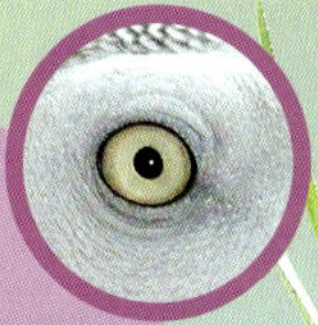

Die Augen der Graupapageien besitzen eine gelbe Iris. Ist der Graue aufgeregt, kann diese sich vergrößern und verkleinern (Pin-Pointing). Da sich die Augen seitlich am Kopf befinden, können die Vögel auch die Umgebung hinter sich gut beobachten. Neben den normalen Farbrezeptoren besitzen Graupapageien auch Rezeptoren für ultraviolettes Licht, sie sehen die Welt also anders als wir.

Füße

Füße und Krallen der Grauen sind ganz auf ihren Lebensraum eingestellt. Zwei nach vorn und zwei nach hinten gerichtete Zehen können sowohl greifen als auch graben. Auch zum Klettern und Hangeln lassen sich die Füße gut benutzen. Die Krallen nutzen sich bei richtiger Haltung durch den täglichen Gebrauch von allein ab.

Schnabel

Der Schnabel aus Horn ist das wichtigste Werkzeug und Tastorgan der Grauen. An seiner Basis sitzen feine Sinneszellen, die Herbstschen Korpuskeln. Da das Horn ständig nachwächst, müssen Graupapageien viel nagen, um den Schnabel abzunutzen. Ein gesunder Schnabel ist für die Gefiederpflege unverzichtbar. Damit reinigt und sortiert der Vogel die Federn. Borkige und schuppige Stellen oder Stufen im Schnabel sind ein Alarmzeichen.

Junge Wilde und gesetzte Charakterköpfe

Graupapageien können bis zu 60 Jahre alt werden. Die Jugendphase nimmt nur einen sehr kleinen Teil dieser Lebensspanne ein. Im Freiland bleiben die Jungvögel bis zu zehn Monate bei ihren Eltern, dann verlassen sie diese und werden in den Schwarm integriert. Gut erkennen kann man diesen Lebensabschnitt am veränderten Aussehen der Jungvögel: Mit zehn Monaten verlieren diese ihr »Babygesicht«, und die dunkle Iris färbt sich in ein helles Gelb um. Während der Jugendmauser verschwindet der dunkle Schwanz und wird durch einen leuchtend roten, der als Signalgeber dient, ersetzt (→ Seite 6/7). Nun verändert sich auch das Sozialverhalten, und aus dem liebesbedürftigen, anhänglichen Kerlchen wird ein unabhängiger kleiner Draufgänger. Oft wechseln die Jungvögel in diesem Alter die Bezugspersonen, und dies kann für den Halter, der zuvor der Mittelpunkt im Leben des Graupapageis war, sehr schmerzhaft sein. Es empfiehlt sich daher, junge Graupapageien erst mit zehn Monaten zu kaufen. Idealerweise haben die Jungvögel bis zu diesem Alter mit anderen Graupapageien in einer Gruppe gelebt und dort ihr Sozialverhalten gelernt. Mit zwölf Monaten kommen sie in die Pubertät und werden erwachsen. In dieser anstrengenden Zeit versuchen sie, sich in der Gruppe durchzusetzen, und suchen oft den Konflikt mit dem Halter. Soziale Verhaltensweisen wie Anbetteln, das Verteidigen der Bezugsperson und das Suchen nach dunklen Ecken, in die der Vogel hineinkriechen kann, sind nicht ungewöhnlich. Oft sind diese Jungvögel mehrere Wochen lang sehr unausgeglichen und dann wieder für längere Zeit friedlich. Erst mit drei bis vier Jahren hat sich der Hormonhaushalt eingespielt und die Vögel sind ausgeglichen und zufrieden.

1 Schwanz und Augen sind bei Jungvögeln dunkel. Die Krallen sind meist kurz und sehr spitz, damit sie sich bei Stürzen besser festhalten können.

2 Bei erwachsenen Vögeln ist die Iris gelb und der Schwanz leuchtend rot. Das Gesicht hat eine ausgefeilte Mimik. Der Kopf ist etwas dunkler als bei Jungvögeln.

Welches Alter?

Wenn Sie sich für Jungvögel entscheiden, müssen Sie diese stürmische Entwicklungszeit mit ihnen durchmachen. Sie müssen die kleinen Graupapageien erziehen und dürfen sie in den ersten zwölf Monaten nicht länger als 30 Minuten allein lassen, sonst entwickeln sie Verlassensängste.
Wählt man dagegen einen erwachsenen Graupapagei, findet man häufig einen gefestigten Charakter-

vogel vor. Solche Tiere haben meist schon ein oder zwei Haltungen erlebt. Beim Kauf sollte hier die Sympathie zwischen Halter und Vogel an erster Stelle stehen. Denn dieser Vogel wird sich kaum noch ändern: Er weiß, was er will. Stimmt die Chemie zwischen Vogel und Halter, ist das Leben mit einem erwachsenen Graupapagei meist ruhiger und entspannter als mit einem Jungvogel. Manchmal werden auch »Seniorenvögel« ab 40 Jahre angeboten. Sie sind in einem ruhigen Haushalt mit festem Tagesablauf am besten aufgehoben, denn sie schätzen Routine und brauchen tagsüber längere Pausen. Andere lärmende Haustiere und kleine Kinder überfordern sie. Außerdem muss die Haltung an ihre speziellen Bedürfnisse angepasst werden, denn Alterserscheinungen sind bei sehr alten Papageien nicht ungewöhnlich (→ Seite 57).

Männchen oder Weibchen?

An äußeren Merkmale kann man nicht erkennen, ob ein Graupapagei ein Männchen oder ein Weibchen ist. Sensibel und vorsichtig sind beide Geschlechter, obwohl man den Weibchen nachsagt, dass sie etwas empfindlicher sind. Unterschiede gibt es jedoch beim Lernverhalten. Bei Männchen ist das Interesse an Lernspielzeugen generell sehr hoch, und sie können sich bei Trainingseinheiten oft sehr lang konzentrieren. Weibliche Graupapageien können in diesem Punkt sehr unterschiedlich sein: Manche Weibchen nagen den ganzen Tag und vergnügen sich mit ihrem Spielzeug, andere sind ausgesprochen ehrgeizig und lernen sehr schnell. Sie fiebern jeder Trainingseinheit entgegen und genießen die Aufmerksamkeit des Halters. Männchen wiederum verhalten sich jeden Herbst in der Balzzeit häufig territorial. Sie verteidigen dann einen bestimmten Bereich der Voliere oder Wohnung.

Sind Graupapageien **für Sie geeignet?**

LEBENSERWARTUNG Graupapageien können bis zu 60 Jahre alt werden. Sind Sie bereit, Ihr ganzes Leben mit diesen Vögeln zu teilen?

LEBENSRAUM Graupapageien brauchen sehr viel Platz, einen anregenden Lebensraum, viel Spielzeug, eine große Voliere und täglich Freiflug. Haben Sie die Zeit und die Möglichkeiten, den Grauen diese Bedingungen zu bieten?

ARBEIT UND SCHMUTZ Graupapageien bilden sehr viel Gefiederstaub, schleudern Futter durch die Wohnung und nagen für ihr Leben gern. Kot, Staub und Essensreste müssen täglich entfernt werden. Sind Sie bereit, jeden Tag zu putzen?

KOSTEN Neben den Kosten für die Graupapageien, die Voliere und das Futter müssen Sie mit jährlichen Tierarztkosten für Routineuntersuchungen sowie Kosten für Spielzeug rechnen. So kommen mehrere Hundert Euro pro Jahr zusammen. Können Sie diese Kosten Jahr für Jahr aufbringen?

KINDER Erst mit acht bis zehn Jahren können Kinder die Körpersprache der Graupapageien verstehen und die Tiere respektieren. Jüngere Kinder verwirren Graupapageien durch unkontrollierte Bewegungen. Warten Sie mit der Anschaffung von Graupapageien dann noch ein paar Jahre.

Graupapageien brauchen Gesellschaft

Überlegen Sie gut, ob Sie einen oder lieber zwei Graupapageien anschaffen möchten:

› Einzelne Graupapageien fühlen sich nur als Teil der Familie wohl. Nur wenn Sozialpartner wie Vogel oder Mensch im Raum sind, kann der Graue in Ruhe fressen und spielen. Ein Graupapagei darf nie länger als vier Stunden allein sein, viele Vögel werden sonst verhaltensauffällig. Einzelhaltung bedeutet für den Halter Tag für Tag sehr viel Verantwortung.

› Ein Pärchen zu halten ist interessanter. Im Idealfall haben sich beide Vögel in der Sozialisierungsphase im Alter von drei bis zehn Monaten in der Gruppe kennengelernt und werden zusammen verkauft. Doch erst nach der Pubertät weiß man, ob man ein harmonierendes Paar hat oder lediglich zwei Freunde, die sich gut verstehen. Dann spricht man von einer Vergesellschaftung.

› Eine Verpaarung gibt es nur zwischen Männchen und Weibchen. Dabei suchen sich die sehr wählerischen Weibchen den männlichen Partner aus. Man darf niemals einfach zwei Vögel zusammensetzen. Zu leicht kann es zu Auseinandersetzungen kommen.

› Männchen sind meist weniger wählerisch. Verpaart man ein erwachsenes Männchen mit einem jungen Weibchen von zwei bis drei Jahren, schützt und verteidigt das Männchen dieses Weibchen häufig gegen alle anderen Familienmitglieder.

› Bei der Verpaarung von älteren Weibchen empfiehlt sich die professionelle Hilfe eines Züchters oder Händlers. Eine solche begleitete Verpaarung kann zwei Jahre dauern. In dieser Zeit stellen Züchter oder Händler männliche Graupapageien zur Verfügung, die sie, wenn sich die zwei nicht vertragen, gegen ein anderes Tier austauschen. Erst nach zwei Mauserperioden lässt sich sagen, ob ein Paar harmoniert oder ob sich die beiden nur tolerieren. Dann muss man entscheiden, ob man einen neuen Versuch wagt oder die Tiere getrennt hält.

Graupapageien sind Individualisten, die ihren Partner selbst wählen wollen. Diese Zwei spielen und toben gemeinsam – sie werden sich also gut verstehen.

Harmonierende Paare fressen gemeinsam und pflegen sich gegenseitig. Kontaktrufe zwischen den Vögeln zeigen: Wir gehören zusammen!

Züchten: **Eine Sache für Profis**

Die Zucht von Graupapageien ist reizvoll, doch die Auflagen für die Zucht sind hoch: Sie brauchen eine Zuchterlaubnis, und der Amtstierarzt überprüft Ihre Sachkunde. In einigen Bundesländern benötigen Sie einen abgesonderten Quarantäneraum.

BRUT VERHINDERN Ein harmonierendes Graupapageien-Paar wird in der Balz versuchen zu brüten. Verschließen Sie dunkle Ecken und Löcher, damit die Grauen diese nicht als Bruthöhle nutzen.

TROTZDEM GLÜCKLICH Auch Graupapageien, die nicht brüten können, haben ein zufriedenes und ausgeglichenes Leben. Selbst im Freiland sind bei Weitem nicht alle Brutversuche erfolgreich, und nur ein Bruchteil der Jungen überlebt das erste Jahr.

Schritt für Schritt zum Partnerglück

Sind sich zwei Vögel sympathisch, darf der Zweitvogel in sein neues Zuhause einziehen. Hier besitzt der ältere Graupapagei allerdings ältere Rechte, die er unter Umständen versucht durchzusetzen. Zu Beginn einer Verpaarung sollten Sie deshalb immer ein größeres Handtuch zur Hand haben. Kommt es zu Auseinandersetzungen unter den Vögeln, werfen Sie das Handtuch auf die Kontrahenten und ziehen Sie vorsichtig beide Vögel unter dem Handtuch hervor. Um dem zweiten Graupapagei den Einzug zu erleichtern, empfiehlt es sich, einen Käfig oder eine Voliere mit herausnehmbarer Trennwand zu kaufen. Kennt der ältere Vogel den Käfig, richten Sie ihn neu ein. So vermeiden Sie territoriale Ansprüche.

› Zunächst sollten beide Vögel mit Trennwand nebeneinander im Käfig sitzen.

› Im Freiflug unter Aufsicht können sich die beiden Graupapageien näher kennenlernen. Holen Sie immer den älteren Vogel als Ersten aus dem Käfig und geben Sie ihm ein Leckerchen. So vermeiden Sie Eifersüchteleien und Neidgefühle.

› Überfordern Sie den Neuen nicht durch zu viel Aufmerksamkeit und bieten Sie ihm Rückzugsmöglichkeiten an.

› Verstehen sich die Vögel gut, können Sie, wenn Sie daheim sind, die Trennwand entfernen. Gibt es Streit, schiebt man sie schnell wieder ein. Damit beide Graupapageien ausreichend fressen, können Sie zu den Fütterungszeiten ebenfalls die Trennwand einfügen.

› Nachts und wenn Sie außer Haus sind, sollten die Vögel in den ersten Wochen getrennt werden.

› Verpaart man ein älteres Männchen mit einem sehr jungen Weibchen, muss man darauf achten, dass der Jungvogel genug Schlaf und Ruhepausen hat. Auch hier leistet eine Trennwand gute Dienste.

Familienleben mit Graupapageien

Kinder und Graupapageien sind für jeden Haushalt eine Herausforderung. Sehr kleine Kinder (unter acht Jahren) sollten noch keinen direkten Kontakt zu den Graupapageien haben. Kinder in diesem Alter freuen sich zwar meist sehr, wenn sie beim Spielzeugbasteln und Futterzubereiten helfen dürfen, mit der eigentlichen Pflege von Grauen sind sie jedoch überfordert. Auch haben sie meist noch Probleme, die Körpersprache der Grauen richtig zu interpretieren. Außerdem sind die Bewegungen von kleinen Kindern meist sehr hektisch, und es verwirrt die Grauen, wenn die Kleinen durch die Wohnung toben. In diesen Zeiten sind die Graupapageien am besten im Käfig aufgehoben.
Ältere Kinder können dagegen aktiv in die Erziehung und Pflege der Graupapageien eingebunden werden, wenn sie dies wünschen. Neben den täglichen Pflegearbeiten bereiten diesen Kindern vor allem das Spielen mit den Grauen und das Trainieren der Vögel sehr viel Spaß. Hier können zwei Gleichgesinnte voneinander lernen. So ist zum Beispiel das Lernen von Vokabeln kurzweiliger, wenn man es nicht allein machen muss: Das Kind übt laut, der Graupapagei hört zu.
Wichtig Erklären Sie älteren Kindern ausführlich die Körpersprache der Grauen und bleiben Sie stets in der Nähe, wenn sich Kinder und Graupapageien miteinander beschäftigen. So können Sie eingreifen, wenn es einmal zu Missverständnissen kommt.

Das macht beiden Spaß: Gemeinsam lassen sich Spielzeugkisten ausräumen und kleine Gegenstände nach Größe und Form sortieren.

Graupapageien und andere Heimtiere

Viele Heimtiere sind sehr neugierig, wenn ein Graupapagei in die Familie eingeführt wird. Aber diese Neugierde kann gefährlich werden.

› Hunde können den Graupapagei durch lautes Bellen und Springen an den Käfig erschrecken. Auch wurden viele Rassen zum Apportieren von Geflügel gezüchtet. Dieser Jagdinstinkt ist bei unseren Hunden nach wie vor vorhanden und wird vor allem dann geweckt, wenn der Graupapagei fliegt. Umgekehrt machen sich viele Graupapageien einen Spaß daraus, die Stimme des Herrchens zu imitieren und dem Hund Befehle und Kommandos zu geben. Besonders leicht zu trainierende Hunde wie Border Collies leiden dann unter der dauerhaften Kommandoberieselung und können nicht verstehen, warum ihr Herrchen ihnen Befehle gibt, obwohl es gar nicht im Raum ist. Um dies zu vermeiden, müssen solche Hunde in der Wohnung unbedingt mit Handzeichen trainiert werden.

Fremdling: Graue akzeptieren selten anderen Papageienarten. Gemeinschaftshaltung ist nur unter Aufsicht möglich, Harmonie wird nicht entstehen.

Besser mit Distanz: Kaninchen und Nager übertragen Keime auf Graupapageien. Sie dürfen nicht gemeinsam aus einem Napf fressen oder in der Streu wühlen.

› Katzen halten sich zwar meist von Graupapageien fern, stellen aber wegen der Bakterien in ihrem Maul und an den Krallen eine Gefahr dar. Jeder kleine Kratzer kann für einen Graupapagei tödlich sein. Man darf Katzen und Papageien nie allein in einem Raum lassen, auch dann nicht, wenn der Vogel im Käfig ist. Die Katze kann mit ihren Tatzen durch das Gitter greifen und den Papagei verletzen. Kommt es dennoch zu einer Verletzung, muss der Graue sofort zum Tierarzt gebracht werden.

› Frettchen und Schlangen sind Fressfeinde, die den Graupapageien große Angst machen. Keinesfalls darf man sie mit diesen Heimtieren in einem Raum halten. Auch wenn die Grauen im Käfig sind, hat ein Frettchen nichts in diesem Zimmer zu suchen.

› Reptilien sind oft Träger von Salmonellen. Diese können bei Graupapageien schwere Darminfekte auslösen, wenn man nicht auf ausreichende Hygiene achtet. Halten Sie die Tiere getrennt und sorgen Sie dafür, dass die Grauen nicht in die Terrarien der Reptilien eindringen können.

› Ratten können für Graupapageien gefährlich sein, denn sie beißen durchaus einmal in die Füße der Grauen. Halten Sie diese beiden Heimtiere daher strikt voneinander getrennt.

› Kaninchen, Meerschweinchen und Mäuse sind für Graupapageien meist ungefährlich. Um Infektionen zu vermeiden, sollte man sich jedoch nach jedem Kontakt mit diesen Kleintieren die Hände waschen, bevor man sich mit den Vögeln beschäftigt. Viele Graupapageien finden Kaninchen und Nager so spannend, dass sie in deren Käfige und Gehege fliegen und mit ihnen aus einem Napf fressen wollen. Dies kann zur Übertragung von Krankheitskeimen führen und muss unbedingt unterbunden werden.

› Aquarienfische sind vor allem dann eine Gefahr für Graupapageien, wenn das Aquarium nicht sachgemäß abgedeckt wurde. Bedenken Sie, dass Ihr Grauer die Verkleidung eines Aquariums mit seinem Schnabel aufhebeln kann. Lassen Sie ihn also niemals mit einem Aquarium allein.

Psittacus erithacus timneh

Timneh-Graupapagei

Aussehen Timneh-Graupapageien sind nur 30 cm lang und etwa 350 g schwer. Damit sind sie deutlich kleiner als Kongo-Graupapageien. Der Oberschnabel ist honigfarben und wird zur Schnabelspitze hin dunkler. Der Unterschnabel ist schwarz, das Gefieder dunkelgrau, der Schwanz im Gegensatz zum leuchtenden Rot der Kongo-Graupapageien braun.

Verhalten Timneh-Graupapageien sind neugierige und selbstbewusste Papageien. Im Freiland verlassen die Jungvögel schon mit ungefähr sechs Monaten ihre Eltern und gliedern sich in den Schwarm ein. In der Heimvogelhaltung können wir dies gut an der Sprachentwicklung der kleinen Afrikaner erkennen. Schon mit sechs Monaten versuchen Timnehs, Geräusche nachzuahmen und sich aktiv mit Kommunikationspartnern auseinanderzusetzen. Dies ist notwendig, denn die jungen Timnehs müssen sich in den Schwarm integrieren und die Regeln dieser Gemeinschaft lernen. Besitzer dieser Graupapageien-Unterart können den Vogel etwas früher in die Familie eingliedern und haben seltener das Problem, dass sich der Vogel eine einzige Bezugsperson sucht.

Haltung Timnehs wollen ihre Umwelt aktiv erkunden. Wo der Kongo-Graupapagei sich abwartend und vorsichtig verhält, machen sich die umtriebigen Timnehs auf den Weg, um neues Spielzeug zu erkunden oder Besucher kennenzulernen. Dieses Selbstbewusstsein und das Interesse, am Familienleben teilzunehmen, machen Timneh-Graupapageien zu interessanten Heimvögeln für Familien mit Kindern. Sie sind robuster, wenn Kinder in der Wohnung toben, und beteiligen sich nach Möglichkeit auch am Spiel. Es wundert daher nicht, dass Timneh-Graupapageien viel seltener Verhaltensstörungen zeigen und rupfen (→ Seite 58) als ihre sensiblen großen Verwandten. Obwohl sich Timnehs sehr gut selbst beschäftigen können, darf man Training und Erziehung nicht vernachlässigen, sonst suchen sich die Afrikaner eine Beschäftigung, die nicht unbedingt im Sinn der Halter ist.

Auch robuste Vögel **brauchen Ruhe**

Aufgrund ihres Charakters wirken Timneh-Graupapageien, als seien sie durch nichts zu erschüttern. Doch das täuscht. Timnehs zeigen erst sehr spät, dass sie gestresst sind. Achten Sie daher darauf, dass Ihre Afrikaner regelmäßige Ruhepausen und Rückzugsmöglichkeiten haben.

Psittacus erithacus erithacus

Kongo-Graupapagei

Aussehen Mit ca. 33 cm Länge und 450–500 g Gewicht sind Kongo-Graupapageien größer und kräftiger als ihre kleinen Verwandten. Ihr Gefieder ist silbrig hellgrau und sie besitzen einen schwarzen Schnabel. Der Schwanz ist leuchtend rot und dient den Vögeln untereinander als Signalgeber.

Verhalten Kongo-Graupapageien lernen in einer sehr langen Sozialisierungsphase, wie sie sich in der Gruppe zu verhalten haben. Lernen ist daher für sie ein normaler Prozess und muss als regelmäßiger Bestandteil in die Haltung mit einbezogen werden. Kongo-Graupapageien sind sehr vorsichtige und intelligente Papageien. Sie nähern sich neuen Gegenständen und Personen erst dann, wenn sie sicher sind, dass von diesen keine Gefahr ausgeht. Dies verführt viele Halter dazu, die Umgebung und die Sozialkontakte der Kongo-Graupapageien so wenig wie möglich zu verändern. Ein fataler Fehler, denn so wächst die Angst vor Neuem und der Vogel kommt nicht mehr mit Veränderungen zurecht. Regelmäßige Wechsel im Lebensraum der Kongo-Graupapageien, neue Sozialkontakte und ein auf den Vogel abgestimmtes intellektuelles Training sorgen dafür, dass sich die Grauen wohl fühlen.

Haltung Hektik und Unruhe mögen Kongo-Graupapageien nicht. Sie betrachten das Geschehen lieber aus sicherer Entfernung. Haben sie sich aber entschlossen, am Spiel teilzuhaben, kann sie nichts mehr aufhalten. Kongo-Graupapageien reflektieren mit ihrem Verhalten die Gefühlswelt ihrer Halter. Es ist daher wichtig, den Vögeln ausgeglichen gegenüberzutreten und Stress und Ärger beiseite zu schieben. Diese Sensibilität macht den Kongo-Graupapagei einerseits zu einem der beliebtesten Großpapageien, andererseits sind die Vögel aber häufiger verhaltensauffällig als andere Papageienarten. Kongo-Graupapageien zeigen sehr schnell, wenn sie gelangweilt und gestresst sind. Die Halter müssen sich immer darüber im Klaren sein, dass sie ein empfindsames Heimtier pflegen, das viel intellektuelle und liebevolle Ansprache braucht.

Keinen Königs-Jacko kaufen!

Gelegentlich werden Graupapageien mit einzelnen roten Federn im grauen Federkleid angeboten und als »Königs-Jackos« verkauft. Solche Federn sind aber ein Krankheitssymptom. Oft haben diese Vögel schwere Stoffwechselprobleme und entzündete Federfollikel.

Augen auf beim Kauf

Kaufen Sie nicht leichtfertig Graupapageien, sondern überlegen Sie gründlich, ob Sie Tieren mit einer so hohen Lebenserwartung und so speziellen Ansprüchen gerecht werden können (→ Seite 11). Wenn Sie sich dann entschieden haben, können Sie zwischen dem Kauf im Zoofachhandel oder bei einem Züchter wählen, Vögel aus dem Tierheim aufnehmen oder aus Privathand erwerben. Wofür Sie sich auch entscheiden: Überzeugen Sie sich immer davon, dass die Vögel tiergerecht gehalten und Ihre Fragen fundiert beantwortet werden.
Beachten Sie außerdem die gesetzlichen Vorschriften. Graupapageien müssen in Deutschland mit einem geschlossenen Artenschutzring gekennzeichnet sein, da sie zu den besonders geschützten Tieren gehören und im Anhang II des Washingtoner Artenschutzübereinkommens stehen. In einigen Fällen kann der Artenschutzring durch einen Mikrochip, der unter Narkose in den Brustmuskel implantiert wird, ersetzt werden. Dies muss von den zuständigen Behörden des Landkreises bewilligt werden. Der Besitz von nicht beringten oder gechipten Graupapageien ist verboten. Die Tiere werden dann beschlagnahmt, dürfen aber meist trotzdem in der Obhut der Halter bleiben.

Eine geräumige Plastikbox mit integrierter Sitzstange, Futter und Wasser bietet Ihrem Grauen während des Transports Schutz und Sicherheit.

Wichtig Mit dem Kauf eines Graupapageis müssen dem zukünftigen Besitzer ein schriftlicher Herkunftsnachweis (Schlupfdatum, Ring- bzw. Chipnummer) und ein Kaufvertrag übergeben werden. Auch beim Kauf aus Privathand benötigen Sie diese Dokumente. Weiterhin sollte der Graupapagei einen aktuellen negativen Virentest auf Schnabel-und-Feder-Krankheit (PBFD) und aviäre Bornaviren sowie Psittakose besitzen. Lassen Sie sich vom Händler oder Züchter schriftlich den Gesundheitszustand bestätigen.
Beachten Sie, dass Händler der gesetzlichen Gewährleistungspflicht unterliegen, d.h., bei einem nach dem Kauf auftretenden Mangel muss der Händler innerhalb einer gesetzlichen Frist für die Beseitigung dieses Mangels sorgen oder das Tier zurücknehmen und den Kaufpreis erstatten.

Kauf und Transport

Lassen Sie sich beim Kauf ausführlich beraten und nehmen Sie sich reichlich Zeit, um die Tiere kennenzulernen und ihren Gesundheitszustand zu überprüfen (→ Experten-Tipp, rechts).
Den Transport ins neue Heim sollten Sie so stressfrei wie möglich für die Tiere gestalten.

- Graupapageien transportiert man in einer stabilen Kunststoffbox oder aber einem kleinen Transportkäfig mit Stoffüberzug. Jeder Vogel bekommt seinen eigenen Transportkäfig, denn es kann während längerer Fahrten leicht zu Rangeleien kommen, wenn zwei Vögel sich eine Box teilen müssen.
- Der Transportkäfig sollte mit Sitzstange, Futter und Wasser für die Fahrt ausgestattet werden.
- Achten Sie darauf, dass der Käfig während der Fahrt nicht in der prallen Sonne steht, damit es den Tieren nicht zu heiß wird. Die Vögel sollten nicht hecheln, sie können sonst einen Hitzschlag erleiden!

Die ersten Stunden daheim

Daheim angekommen, stellen Sie die Transportbox zunächst in die Voliere oder in den Käfig und lassen Sie den Graupapagei allein herauskrabbeln. Keinesfalls dürfen Sie die Box schief halten oder aber schütteln, damit der Vogel sie verlässt. Bedenken Sie: Jede Aktion, die Sie und Ihr Graupapagei gemeinsam vollziehen, soll vertrauensspendend sein. Bieten Sie dem verwirrten Tier ein Leckerchen an, und wenn es dies nicht möchte und Sie sogar verängstigt anknurrt, so lassen Sie den Graupapagei zunächst einfach noch ein Weilchen in seiner Kiste hocken. Diese Kiste ist für einen schüchternen Grauen zunächst ein Rückzugsort. Bei sehr ängstlichen oder jungen Tieren dürfen Sie die Transportbox sogar noch einige Tage in der Voliere stehen lassen. Passt die Transportbox nicht in den Käfig, so stellen Sie diese auf einen Stuhl vor die geöffnete Käfigtür und hängen Sie den verbliebenen freien Raum oberhalb der Box mit einem Handtuch ab. Bleiben Sie im Zimmer, bis der Graue ausgestiegen und gegebenenfalls in den Käfig geklettert ist, und entfernen Sie dann langsam das Handtuch und die Transportbox.

Fit vom **Schnabel** bis zum **Schwanz**

TIPPS VON DER GRAUPAPAGEIEN-EXPERTIN
Hildegard Niemann

VERHALTEN Macht das Tier einen wachen Eindruck? Auch wenn der Graupapagei ruhig sitzt, sollte er aufmerksam seine Umgebung verfolgen.

GEFIEDER UND SCHNABEL Der Vogel sollte vollständig befiedert sein. Abgebrochene Federn, Stress-Streifen und kahle oder struppige Stellen zeigen, dass es dem Tier nicht gut geht. Das Gefieder muss silbrig glänzend sein, nicht stumpf. Der Schnabel sollte glatt und glänzend sein. Stufen und Borken zeigen Mangelernährung an.

AUGEN, NASE, OHREN Die Augen sind klar und nicht nach innen eingefallen. Die Nasenlöcher sollten sauber, trocken und nicht verklebt sein. Schieben Sie die Ohrdecken vorsichtig zur Seite, damit Sie die kleinen Ohröffnungen erkennen können. Sie müssen sauber sein.

DIE FÜSSE Sie sollten gleichmäßig greifen. Achten Sie schon jetzt darauf, ob der Vogel Rechts- oder Linksfüßer ist. Die Krallen sind kurz und spitz.

DIE KLOAKE Sie ist sauber und nicht durch Kotreste verklebt. Der Kot ist dunkelgrün mit einem weißen Harnsäureanteil. Der Urin ist durchsichtig.

Gesund und munter

Graupapageien sind exotische Heimtiere, die ganz bestimmte Bedingungen brauchen, um sich wohlzufühlen. Mit etwas Fantasie und Einfallsreichtum können Sie ihrem Grauen ein Heim schaffen, das Geborgenheit und Abenteuer zugleich bietet. Dann steht einem zufriedenen Vogelleben nichts mehr im Weg.

Wohlfühlheime für Graupapageien

Graupapageien brauchen sehr viel Platz, sowohl im Käfig als auch beim Freiflug. Steht der Tageskäfig in einem Raum, in dem sich die Familie abends noch sehr lange aufhält, benötigen sie neben dem normalen Tageskäfig zusätzlich einen Schlafkäfig.

Käfigstandort und Käfig

Der Käfig ist das Spielzimmer Ihrer Graupapageien. Die Vögel sollten sich dort geborgen und wohlfühlen. Am sichersten fühlen sich Papageien, wenn der Käfig in einer Ecke möglichst weit entfernt von der Tür des Raums steht. Die Grauen können sich dann auf eintretende Personen vorbereiten und erschrecken nicht. Deshalb darf der Käfig auch nicht direkt neben einer Tür stehen. Auch der Platz vor einem Fenster ist nicht geeignet. Graupapageien sind Beutetiere, die immer Rückzugsmöglichkeiten brauchen. Ein Käfig am Fenster bietet keine sichere Ecke.

Bei der Wahl des Käfigs sollten Sie die folgenden Kriterien beachten:

› Der Käfig sollte so breit und groß wie möglich sein, damit sich Ihr Graupapagei gut bewegen kann und Platz zum Spielen hat. Die Käfiggröße hängt auch davon ab, wie lange sich Ihr Grauer täglich im Freiflug aufhalten kann. Ein Vogel mit langem Freiflug kommt mit einem kleineren Käfig zurecht als ein Tier, dem nur ein kurzer Freiflug möglich ist.

› Ist zusätzlich ein Nachtkäfig nötig, darf dieser etwas kleiner sein als der Tageskäfig.

› Die Tür des Käfigs muss möglichst groß sein. Das erleichtert das Einrichten und Säubern sowie das Handling der Graupapageien.

› Kaufen Sie keine Rundkäfige. Sie bieten keine Ecken, an denen sich die Grauen orientieren können.

› Ebenfalls ungeeignet sind metallisch glänzende Käfige. Die Vögel werden durch die glänzenden

Stangen geblendet. Langfristig entwickeln Graupapageien in solchen Käfigen Verhaltensstörungen wie Rupfen, Beißen oder Schreien.

› Wenn Sie mehrere Graupapageien halten, ist der Kauf einer Zimmervoliere aus Edelstahl empfehlenswert. Wählen Sie aber niemals verzinkte Zimmervolieren, da diese bei den Graupapageien zu Schwermetallvergiftungen führen, wenn die Vögel an den Gittern nagen.

Die Käfigeinrichtung

Erst eine geeignete Einrichtung macht den Käfig zum Wohlfühlheim für Graupapageien.

› Empfehlenswert ist ein Bodengitter, damit die Vögel nicht in ihrem Kot spielen. Es lässt sich leicht herausziehen und mit einem feuchten Tuch reinigen. Behinderten, sehr jungen und sehr alten Graupapageien legt man ein Handtuch auf das Gitter, damit sie sich nicht verletzen, wenn sie einmal abstürzen.

› In Käfigen ohne Bodengitter hat sich als Einstreu Buchengranulat bewährt. In Käfigen mit Bodengittern empfiehlt sich eine weiße Papiertischdecke (Meterware) als Unterlage. Sie ermöglicht es, jeden Morgen den Kot der Graupapageien zu kontrollieren – ein Anzeiger für die Gesundheit der Vögel. Sand ist als Einstreu ungeeignet, da er Feuchtigkeit zieht und schnell zum Nährboden für Pilze wird.

› Viele Käfige werden mit gedrechselten Fertigsitzstangen geliefert. Diese sind langfristig ungeeignet, denn der Vogel belastet stets dieselbe Stelle der Fußunterseite. Ersetzen Sie solche Stangen durch Naturäste von Weide, Haselnuss, Buche und ungespritzte Obstbaumzweige. Bringen Sie die Äste nicht nur im rechten Winkel an, sondern auch schräg und schief. So regen Sie die Grauen zum Klettern an und trainieren ihren Gleichgewichtssinn. Gute und leicht zu säubernde Alternativen sind Java-Sitzäste aus besonderes hartem Holz. Sie sind leicht mit einem Dampfdruckgerät zu reinigen und werden von den Grauen nicht zernagt. Wenn Sie solche Äste verwenden, müssen Sie den Grauen jedoch zusätzliches Nagematerial anbieten.

› Sitzseile und Lianen lassen sich herrlich verbiegen und nutzen auch die kleinste Ecke im Käfig aus. Von oben nach unten montiert, sind sie eine gute Klettermöglichkeit. Lange, am Seil überstehende Baumwollfäden, in denen sich die Krallen der Grauen verfangen können, entfernt man mit der Schere.

› Bieten Sie Futter und Wasser nur in Edelstahlnäpfen an. Plastik wird rissig, und es sammeln sich Bakterien in den Ritzen. Nötig sind zwei Sätze Futternäpfe, damit Sie immer einen sauberen Satz im Schrank haben. Näpfe nie zweimal hintereinander verwenden – Futterreste verderben rasch und können Infektionen bei den Graupapageien auslösen.

Keine Angst **vor neuem Spielzeug!**

Oft betrachten Graupapageien neues Spielzeug mit Skepsis. Das ist normal, die Vögel wissen noch nicht, dass es ungefährlich ist. Lassen Sie neues Spielzeug deshalb einfach beim Essen auf dem Tisch liegen. Wenn Sie entspannt eine Mahlzeit daneben einnehmen können, kann es nicht gefährlich sein. Ihre Grauen werden es eher akzeptieren und neugierig werden.

Unbedingt notwendig: Spielzeug

Langeweile ist der Feind aller Graupapageien! Im Käfig sollten den Tieren deshalb mindestens vier bis acht Spielzeuge zur Verfügung stehen. Da jeder Graupapagei sein eigenes Lieblingsspielzeug

Schlaraffenland: Der Käfig ist das Spielzimmer der Graupapageien. Verschiedene Sitzgelegenheiten und Spielzeug sorgen dafür, dass es dem Grauen nie langweilig wird. Treatspielzeuge fordern zusätzlich die Intelligenz und Kombinationsgabe. Zum Toben geht es aber ab in den Freiflug.

hat, müssen Sie testen, was ihm am besten gefällt. Studien haben gezeigt, dass Papageien gelbes und rotes Spielzeug bevorzugen. Holzscheiben zum Zernagen sollten nicht dicker als 1,5–2 cm und möglichst aus weichem Holz sein. So können die Graupapageien leicht ein Stück herausnagen und haben sofort ein Erfolgserlebnis. Größere Blöcke werden oft ignoriert, und die Graupapageien können damit nicht spielen. Alternativen sind Spielzeuge aus Acryl, Metall, Papier und Pappe.

Bringen Sie das Spielzeug immer so an, dass die Grauen es leicht erreichen können. Es sollte möglichst neben und nicht über oder unter dem Vogel hängen, sodass der Graue sich bequem damit beschäftigen kann.

Mein Tipp Lieblingsspielzeuge müssen immer im Käfig bleiben und werden sofort durch dasselbe Modell ersetzt, wenn es von den Grauen zerschreddert wurde. Dieses Spielzeug war ein Erfolg und hat den Grauen gefallen. Kaufen Sie es gleich nochmal!

FÜR AKROBATEN Spiralen aus Baumwolle und Sisal trainieren den Gleichgewichtssinn. Hängen Sie die Spirale am höchsten Punkt in die Käfigmitte – so schaukeln die Grauen mit ihrem Sportgerät in alle Richtungen.

SCHAUKELGLÜCK Gedrehte Sisalseile lassen sich im Käfig in alle Richtungen montieren. Überstehende Fasern sollte man regelmäßig abschneiden.

VIELSEITIG Ungespritzte Naturäste dienen als Sohlenmassage für die empfindlichen Füße und sind Nage- und Spielmöglichkeit. Wenn sie abgenutzt und zernagt sind, lassen sie sich schnell ersetzen.

FUSSGYMNASTIK Java-Sitzäste sind vor allem im Winter eine gute Alternative zu Naturästen. Ihr verwinkelter Wuchs bietet den Grauen viele Möglichkeiten, die Sohlen unterschiedlich zu belasten. Mit einem Dampfdruckgerät sind die Äste leicht zu reinigen.

Ausflug zum Freisitz

Graupapageien haben einen großen Bewegungsdrang. Besonders am frühen Morgen und am Abend fliegen und toben die Afrikaner im Freiflug durch die Wohnung. Als Anflugstelle eignen sich sehr gut Freisitze und an der Decke aufgehängte Sitzgelegenheiten. Gestalten Sie den Freisitz so attraktiv wie möglich, damit die Grauen sich gern dort aufhalten. Andernfalls werden Bilderrahmen, Türen und Schränke als Spielplätze benutzt. Freisitze gibt es im Fachhandel, wer geschickt ist, kann aber auch selbst einen Spielplatz für die Grauen bauen. Wichtig ist, dass dieser leicht zu reinigen ist und an einem Ort steht, an dem die Vögel auch einmal ein Kothäufchen absetzen dürfen.

Aufbau und Material Der Freisitz muss so stabil sein, dass er nicht umfällt, wenn die Grauen darauf landen. Gut geeignet sind massive Obstbaumäste, die in einem Betonsockel stehen. Die Äste des Freisitzes sollten so beschaffen sein, dass die Vögel ihr Spielzeug gut erreichen können. Bohren Sie in den Basisstamm zusätzliche Löcher und stecken Sie immer wieder frische Zweige mit Blattgrün hinein. So bleibt der Freisitz für die Vögel interessant, und es gibt immer wieder etwas Neues zu entdecken.

Hängefreisitze Hat man nicht genug Platz, sind Hängefreisitze eine Alternative. Unbehandelte Weidenkörbe, Spiralen, Triangeln, Schaukeln und andere Sitzgelegenheiten sind eine ideale Anflugstelle für die unternehmungslustigen Gesellen. In die Weidenkörbe legt man Handspielzeug, das die Vögel mit einem Fuß halten können, sowie Leckerchen.

Laufen und buddeln Graupapageien laufen gern auf dem Boden. Doppelt so viel Spaß macht der Spaziergang, wenn man unterwegs Spielzeug und Schreddermaterial findet. Da Graupapageien im Freiland graben, sollten Sie ihnen eine Buddelwanne zur Verfügung stellen. Dazu füllt man flache Plastikwannen (Katzentoiletten, Kinderbadewannen) mit Buchenholzgranulat oder Kiesel. Viele Graupapageien schaufeln die Wannen begeistert leer.

Selbst beschäftigen Eine Spielzeugkiste mit Handspielzeug ist ideal, wenn sich die Vögel allein beschäftigen sollen. Neben Handspielzeug gefallen den Afrikanern auch Alltagsgegenstände wie Dessertlöffel, Holzspatel, Strohhalme, kleine Pappschachteln oder Bastelholzkugeln.

Diese Triangel ist Spielplatz und Sitzgelegenheit zugleich. Unter die Decke gehängt, spart sie Platz und dient als Anflugpunkt für die munteren Grauen.

Futter für fitte Vögel

Das Leben im Freiland ist sehr anstrengend. Graupapageien haben deshalb einen hohen Energiebedarf. Ihre Nahrung hat aus diesem Grund einen hohen Fettanteil und ist sehr energiereich und weich. Bei uns müssen Graupapageien ihr Futter nicht selbstständig suchen und dafür weite Wege zurücklegen. In der Heimvogelhaltung benötigen Graupapageien deshalb nur einen Bruchteil der Kalorienzufuhr wie im Freiland. Es ist daher wichtig, Graupapageien nicht zu nährstoffreich zu füttern. Überschüssiges Fett wird andernfalls in den Arterien abgelagert oder in der Leber gespeichert, und die Grauen werden langfristig krank.

Grundfutter Es besteht aus Körnern, Pellets oder Extrudaten. Diese werden in einem dicht schließenden Behälter im Kühlschrank gelagert. Zu den Körnern zählen beispielsweise Sonnenblumenkerne, Kardisaat, Hanf, Hirse und Hafer. Pellets bestehen aus gepresstem Körnerbrei, Extrudate aus in Form gebackenen Saaten und Körnern. Bei beiden sind die Bestandteile definiert und sie haben gegenüber Körnern den Vorteil, dass die Grauen sich nicht ihre Lieblingskörner heraussuchen können und sich dadurch zu fett ernähren.

Die optimale Menge an Grundfutter ermitteln Sie, indem Sie in den ersten Wochen jeden Morgen die gegebene Futtermenge wiegen. Abends wiegen Sie, was noch übrig ist. So können Sie ausrechnen, wie viel die Grauen gefressen haben. Praktizieren Sie dies drei bis vier Wochen und bestimmen Sie den Mittelwert. Dies ist die optimale Futtermenge, auch wenn die Grauen Futter aus dem Napf geworfen haben. Wenn Sie täglich etwas mehr füttern, suchen sich die Grauen die fettreichen Anteile der Nahrung aus dem Futter heraus und verweigern dann Obst und Gemüse.

Vorsicht – **giftiges Futter**

Folgende Nahrungsmittel gelten als giftig oder unverträglich für Graupapageien: Avocado, Rhabarber, Kerne von Steinobst wie Kirschen, Pfirsichen usw., Schokolade, Lebensmittel mit hohem Zucker- oder Fettanteil wie Pommes frites, salzige Lebensmittel, Kaffee und koffeinhaltige, alkoholische oder kohlensäurehaltige Getränke.

Frisches als Ergänzung

Gemüse und Obst liefern den Grauen wichtige Vitamine und Mineralstoffe.

Gemüse dürfen die Afrikaner den ganzen Tag über fressen, da es keinen Fruchtzucker enthält. Bieten Sie es nicht nur klein geschnitten, sondern auch am Stück an. Das Zerkleinern ist eine gute Beschäftigung. Geeignet sind beispielsweise Gemüsespieße, aber auch Gemüseschälchen werden akzeptiert. Stark wasserhaltige Sorten (z. B. Gurken) sollten Sie nur kurz anbieten, da sie schnell matschig werden. Auf Tomaten reagieren manche Graupapageien mit einer Kropfreizung. Wenn Sie Tomaten füttern, beobachten Sie die Vögel. Würgen sie, so verzichten Sie in Zukunft darauf. Gekochtes oder blanchiertes Gemüse dürfen Sie nur ungewürzt und nicht zu heiß anbieten.

Wichtig In der Balz sollten Sie kein warmes Futter geben, da dies von den Vögeln als Partnerfütterung missverstanden werden könnte.

Obst enthält sehr viel Fruchtzucker und wird im angeschnittenen oder angebissenen Zustand schnell von Schimmelpilzen befallen. Es darf nie stundenlang im Käfig liegen, sonst können die Grauen eine Hefepilzinfektion bekommen, wenn sie später davon naschen. Füttern Sie Obst daher nur direkt aus der Hand und vergewissern Sie sich, dass die Grauen es sofort fressen. Lehnen die Graupapageien das Obst ab, haben sie keinen Hunger. Versuchen Sie es später noch einmal.

Nüsse und Co. Schalen von Erdnüssen und echten Nüssen sind oft von Schimmelpilzsporen befallen und deshalb ungeeignet. Besser sind Pinienkerne oder geschälte Sonnenblumenkerne aus dem Reformhaus. Die fettreichen Leckerbissen gibt man aber nur in sehr kleinen Mengen beim Training.

1 KÖRNER, EXTRUDATE, PELLETS Das Grundfutter besteht aus je einem Drittel Körnern, Extrudaten und Pellets. Da diese Futtermittel schnell feucht werden, müssen sie kühl und trocken lagern. Körnerfutter eignet sich gut als Leckerei zwischendurch und zur Belohnung. Wählen Sie keine Pellets, die Farbstoffe oder künstliche Aromastoffe enthalten. Manche Graupapageien reagieren darauf sehr empfindlich.

2 GEMÜSE Graupapageien sollten täglich Gemüse fressen. Bis auf Avocados (giftig!) und Rhabarber dürfen Sie fast jede Gemüsesorte in kleinen Portionen anbieten. Kartoffeln gibt man nur gekocht. Stangensellerie und Spinat enthalten sehr viel Oxalsäure. Geben Sie Ihren Grauen davon nur sehr kleine Mengen. Lauch- und Zwiebelgewächse stehen im Verdacht, bei manchen Vögeln eine atypische Anämie (Blutarmut) auszulösen.

3 OBST Süße Obstsorten zählen zu den Favoriten der Grauen. Gewaschen und geschält bereichern sie – in kleinen Mengen – den Speiseplan. Bei Kirschen müssen Sie die Kerne vor dem Füttern entfernen, da sie Giftstoffe enthalten. Manche Graupapageien reagieren allergisch mit Juckreiz auf saures Obst wie Apfelsinen oder Mandarinen – füttern Sie solche Sorten dann nicht mehr.

Körnerjunkies auf Diät

Fettreiches Futter fressen Graupapageien stets als Erstes. Im Freiland, wo sie viel Energie in die Futtersuche investieren müssen, ist dies sinnvoll. Doch viele Graue suchen auch bei uns aus dem Körnerfutter fettreiche Sonnenblumenkerne und Kardisaat heraus. Weil sie dann satt sind, bleibt gesundes Futter wie Gemüse oder Obst liegen, und die Vögel werden langsam »Körnerjunkies«. Diese vitamin- und mineralstoffarme Ernährung kann krank machen. Der Graupapagei bekommt rote Federn an ungewöhnlichen Stellen, Stress-Streifen und Juckreiz. Das Gefieder wirkt stumpf und fettig, der Schnabel zeigt Stufen und eine blättrige Schuppung. Graupapageien mit solchen Befiederungsstörungen müssen mindestens zwei Jahre lang Diätfutter bekommen, da ihr Leberstoffwechsel gestört ist. Erst nach zwei Mauserperioden kann man beurteilen, ob sich der Vogel erholt hat.

Lassen Sie sich von Ihrem Tierarzt beraten, wenn Sie bei Ihrem Graupapagei eine Fehlernährung vermuten. Er wird Ihnen raten, langsam den Anteil des Körnerfutters zu reduzieren und durch ein Diätfutter zu ersetzen. Doch viele Graupapageien reagieren sehr widerspenstig, wenn sie ihr Lieblingsfutter nicht mehr bekommen. Machen Sie es den kleinen Gourmets leichter, indem Sie das neue Futter pulverisiert über das alte geben. Oder reichen Sie es in Obstbrei gerührt oder in Papageienbrot gebacken. Letzteres gibt es fertig als spezielle Backmischung für Vögel (Zoofachhandel) zu kaufen. Erlaubt ist eine halbe Scheibe pro Tag.

Zusätzlich zum Diätfutter geben Sie täglich Gemüse und Obst. Bisher hatten Ihre Grauen daran kein Interesse, doch ein Trick hilft: Essen Sie vor dem Käfig eine Karotte oder gedünsteten Brokkoli. Bald werden die Grauen auch davon kosten wollen.

Wenn Sie auf Körnerfutter nicht ganz verzichten möchten, geben Sie es nur im Training oder in sehr kleinen Mengen, wenn es abends in den Käfig geht.

Was für ein Leckerbissen! Doch Obst bekommen Graupapageien grundsätzlich nur aus der Hand, damit sich der Vogel nicht an alten Obstresten mit Hefepilzen infiziert.

Futterzusätze

Ob je nach Alter und Gesundheitszustand eines Graupapageis Futterzusätze wie Vitamine und

Rote Federn an ungewöhnlichen Stellen, stumpfes Gefieder, struppige Federn: Der Graue ist sehr krank. Er braucht eine Diät, um gesund zu werden.

Morgens, mittags, abends füttern

Viele Graupapageien-Halter arbeiten und können sich erst abends ihren Tieren widmen. Richtiges Füttern hilft, die Vögel tagsüber zu beschäftigen.

MORGENS Als Frühstück reicht man höchstens ein Drittel des Trockenfutters im Napf.

MITTAGS Ein Drittel des Futters füllt man in Treatspielzeug. Die Vögel müssen es sich selbst erarbeiten. Sie können Treatspielzeug selber basteln, und auch im Fachhandel finden Sie gutes und leicht zu reinigendes Beschäftigungsspielzeug.

ABENDS Das letzte Drittel des Futters gibt es beim Abendessen. Die gemeinsame Mahlzeit hat eine wichtige soziale Funktion für die Graupapageien. Sie zeigt ihnen, dass sie ein Teil der Familie sind.

Mineralien sinnvoll sind, sollten Sie unbedingt mit Ihrem Tierarzt absprechen. Graupapageien brauchen viel Vitamin A und Kalzium. Achten Sie deshalb darauf, dass Ihre Grauen regelmäßig rohe Möhren, rote Paprika, Mangos, Aprikosen, Kohl und Brokkoli (roh oder gedünstet) fressen. Eine Alternative ist Provitamin A in Form von Palmöl, das Sie über das Futter träufeln. Es wird aus den Früchten der afrikanischen Ölpalme gewonnen, einem der Hauptnahrungsmittel der Grauen im Freiland. Die Vögel bilden aus dem Provitamin A das Vitamin A.

Immer sauberes Wasser

Wasser muss den Graupapageien immer frisch in einem Metallnapf zur Verfügung stehen. Da die Vögel sehr viel Gefiederstaub bilden, muss man es mindestens zweimal täglich wechseln. Plastiknäpfe und Trinkflaschen – ob aus Glas oder Kunststoff – sind ungeeignet. In ihnen siedeln sich rasch Bakterien an, die die Grauen beim Trinken aufnehmen. Das Trinkwasser muss sauber und ohne Zusätze sein. Viele flüssige Vitaminzusätze zerfallen schnell unter der Einwirkung von Licht und verunreinigen so unnötig das Wasser. Außerdem weigern sich viele Papageien, Wasser mit Zusätzen zu trinken. Wenn Sie extra Vitamine oder Mineralstoffe geben müssen, bieten Sie diese in Obstsaft oder eingespritzt in eine Weintraube an. Auch Medikamente darf man nicht ins Trinkwasser geben, sonst haben Sie keinen Überblick, wie viel der Vogel von der verordneten Arznei aufnimmt.

Damit das Wasser nicht verschmutzt, sollten Sitzäste so angebracht sein, dass der Vogel nicht von oben in das Wasser koten kann. Auch baden viele Graupapageien ihr Futter im Wassernapf. Dies können Sie verhindern, indem Sie den Wassernapf sehr weit vom Futternapf entfernt anbringen.

Kleines Pflege-Einmaleins

Der natürliche Lebensraum der Graupapageien liegt am Äquator. Dort herrschen eine Luftfeuchte von über 80 Prozent und hohe Sonneneinstrahlung. In unseren Wohnräumen liegt die Luftfeuchte dagegen oft gerade mal bei 40 Prozent, und es gibt nur wenig Licht. Unter solchen Bedingungen kann die Haut der Graupapageien austrocknen, und es kommt zu Juckreiz. Damit Ihre Grauen gesund bleiben, sollten Sie für ein geeignetes Klima sorgen.

Gut gepflegt vom Kopf bis zum Schwanz: Gründlich und sorgsam arbeitet der Graupapagei das Sekret der Bürzeldrüse Feder für Feder in das Gefieder ein.

› Die Luftfeuchte in den Räumen, in denen sich die Vögel regelmäßig aufhalten, muss dauerhaft mindestens 60 Prozent betragen. Möglich sind solche Werte nur durch gute Luftbefeuchter, aber auch ungiftige Zimmerpflanzen sorgen für ein angenehmes Raumklima. Ein digitales Hygrometer hilft, täglich die Luftfeuchte zu überprüfen.

› Graupapageien bilden sehr viel Gefiederstaub. Im Freiland ist dies kein Problem, doch in der Heimtierhaltung werden die Lungen von Mensch und Tier belastet. Putzen und Staubsaugen reichen nicht, nur ein leistungsfähiger Ionisator schafft Abhilfe: Er zieht den Staub an und hält die Luft staubfrei.

› Graupapageien brauchen zur Aufnahme von Kalzium Vitamin D_3, das sie mithilfe der UV-Strahlung selbst im Körper bilden. Genau diese Wellenlängen des Sonnenlichts filtern Fensterscheiben aus. So kann es zu Kalziummangel kommen, obwohl die Nahrung genug Kalzium enthält. Eine Vogellampe mit dem Spektrum des Sonnenlichts, die den Graupapageien täglich mindestens vier Stunden zur Verfügung steht, ist deshalb unverzichtbar.

Körperhygiene

Graupapageien achten selbst auf ihre Körperhygiene. Der feine Gefiederstaub, der durch den Zerfall der Puderdunen entsteht, pflegt die empfindliche, dünne Haut der Grauen. Dennoch sollten Graupapageien hin und wieder baden. Da sie eine Körpertemperatur von 39–40 °C besitzen, baden viele Graupapageien lieber kalt. Die meisten sind Wannenbader, aber es gibt auch einige Vögel, die lieber duschen. Probieren Sie aus, was Ihren Grauen gefällt, und bieten Sie ihnen diese Badevariante mindestens dreimal wöchentlich an. Das Gefieder pflegen die Grauen mit dem Schnabel selbst. Den Schnabel reinigen sie, indem sie ihn an einem Ast reiben. Sorgen Sie daher immer für saubere Sitzäste, damit keine Nahrungsreste oder Kot in den Schnabel gelangen und Infektionen auslösen.

Eine schwierige Zeit: die Mauser

Graupapageien mausern ihr Gefieder das ganze Jahr über. Dabei werden alte, abgenutzte Federn durch neue ersetzt. Diese erkennen Sie während des Wachstums als feine Stielchen im Gefieder. Die eigentlichen Federn sind zu diesem Zeitpunkt noch von einer harten Keratinhülle umgeben und durchblutet. Bricht solch ein Blutkiel beim Spielen oder Toben ab, blutet der Vogel sehr heftig. Bringen Sie ihn sofort zum Tierarzt. Der Blutkiel muss gezogen werden, sonst lässt sich die Blutung nicht stillen. Sind die Federn ausgebildet, öffnet der Graupapagei die Keratinhüllen bei seiner täglichen Gefiederpflege selbst. Nur im Kopfbereich braucht er etwas Hilfe, entweder von seinem Partnervogel oder von Ihnen. Während der Mauser der großen Schwungfedern und des Schwanzes können Graupapageien etwas übellaunig und müde sein. Dieser Teil der Mauser ist für die Vögel sehr anstrengend, und sie benötigen nun etwas mehr Ruhe.

Immer peinlich sauber: Käfig, Näpfe, Freisitz

WIE OFT?	WAS IST ZU TUN?
TÄGLICH	Futter- und Wassernäpfe wechseln; Sitzäste und Kotgitter mit einem feuchten Tuch abwischen; Papierunterlage auswechseln; Kot- und Nahrungsreste am Spielzeug gründlich entfernen; Sitzseile und Spiralen auf lose Fäden kontrollieren und gegebenenfalls abschneiden; Acrylspielzeug ab- oder auswaschen (Staubbelastung!)
WÖCHENTLICH	Käfig von innen und außen mit lauwarmem Wasser sorgfältig abwaschen; alle Sitzgelegenheiten reinigen; alte, abgenutzte Sitzgelegenheiten auswechseln; altes Spielzeug säubern und, wenn nötig, durch neues ersetzen. Wichtig: Alle Sitzgelegenheiten und sämtliches Spielzeug müssen trocken sein, bevor sie wieder im Käfig angebracht werden!
MONATLICH	Freisitz abwaschen, umgestalten und neu mit Spielzeug bestücken; Käfig komplett leer räumen, mit einem Dampfdruckreiniger auswaschen und anschließend gründlich trocken reiben; Schraub- und Steckverbindungen am Spielzeug überprüfen und fehlerhafte Teile entfernen
JÄHRLICH	Vogellampe ersetzen, diese nutzt sich innerhalb von 12 Monaten ab

Gesundheitsvorsorge muss sein

Da Graupapageien mehrere Jahrzehnte alt werden können, ist es unwahrscheinlich, dass sie diese Zeit ohne den einen oder anderen kleinen Infekt erleben. Doch als Beutetiere sind die Grauen stets bestrebt, Unwohlsein und Krankheiten so lange wie möglich zu verstecken. Sie zeigen keine Schwäche, um nicht aus dem Schwarm ausgestoßen zu werden. Aus diesem Grund merken Halter erst sehr spät, dass es dem gefiederten Freund schlecht geht. Doch einige Routinemaßnahmen, die Sie gut in den Alltag einbauen können, helfen, den Gesundheitszustand der Vögel zu kontrollieren.

Ab auf die Waage Zweimal wöchentlich sollten Graupapageien auf die Waage gehen, damit Sie das Gewicht kontrollieren können. Es sollte außerhalb der Balz stabil sein. Kurz vor der einmal pro Jahr stattfindenden Balz steigt vor allem das Gewicht der Weibchen durch Wassereinlagerung etwas an. Nach der Balz sinkt es wieder auf den normalen Wert. Außerhalb dieser Zeit ist eine plötzliche Gewichtsabnahme ein Alarmzeichen. Bringen Sie den Vogel dann so schnell wie möglich zum Tierarzt.

Wiegen verrät, ob der Graue gesund ist oder unter einem versteckten Infekt leidet. Als Lohn für das Wiegeritual gibt es natürlich ein Leckerchen.

Kot in Ordnung? Kontrollieren Sie täglich den Kot Ihrer Graupapageien. Schleimiger, übelriechender Kot ist immer ein Krankheitszeichen. Auch wässriger Durchfall oder ein sehr hoher Urinanteil – sichtbar an großen Pfützen im Käfig – sind Alarmzeichen. Haben Sie allerdings am Vortag sehr viel Obst gegeben, ist der Kot meist etwas flüssiger. Rote Bete und rote Paprika können den Kot rötlich braun färben. Dies ist normal und kein Anlass zur Sorge.

Alles im Lot? Beobachten Sie, ob Ihre Grauen beide Beine gleichmäßig belasten und auf einem Bein schlafen. Das andere Bein sollte in das Gefieder eingezogen sein. Schläft ein Graupapagei nur noch auf beiden Beinen, kann er vermutlich sein Gleichgewicht nicht mehr halten und ist krank.

Alles im Blick? Prüfen Sie vor allem bei alten Graupapageien über 40 Jahre regelmäßig, ob der Vogel noch gut sehen kann. Beschäftigen Sie sich mit dem Vogel und bewegen Sie Ihre Hand so am Kopf des Tiers vorbei, dass nur ein Auge die Bewegung erkennen kann. Reagiert der Graue nicht, sollten Sie einen Augenspezialisten für Vögel aufsuchen.

Jährlicher Check

Einmal jährlich gehen Graupapageien zum tierärztlichen Check-up. Nicht alle Tierärzte haben Erfahrungen mit Papageien. Es ist daher wichtig, dass Sie sich gleich nach dem Kauf einen Fachtierarzt für

Ziervögel suchen. Er wird Sie und Ihre Graupapageien in den nächsten Jahrzehnten begleiten. Während des jährlichen Check-ups werden ein Blutbild sowie Abstriche von der Kloake und vom Rachenraum gemacht. Bei der Erstuntersuchung werden zusätzlich Virentests gemacht. Diese sind auch dann notwendig, wenn der Vogel gesund erscheint. Er kann trotzdem Träger von Viren sein und diese an andere Papageien weitergeben. Besprechen Sie mit dem Tierarzt den aktuellen Speiseplan Ihrer Graupapageien und lassen Sie das Gefieder auf kahle Stellen oder angefressene Federn überprüfen. Auch die Unterseiten der Füße müssen kontrolliert werden, denn nicht selten sind wunde Stellen an den Sohlen der Grund dafür, dass sich ein Grauer kaum noch bewegen mag.

Schnabelpflege Beim jährlichen Check kann auch der Schnabel vom Tierarzt getrimmt werden. Borkige und blättrige Strukturen werden vorsichtig mit einem Schleifgerät entfernt, sonst kann es in den feuchten, warmen Zwischenräumen zu Pilzinfektionen kommen. Trimmen Sie den Schnabel niemals selbst, Sie könnten dabei die Zunge verletzen oder aber zu tief schleifen!

Erste Hilfe

Für den Notfall sollten Sie eine Erste-Hilfe-Ausstattung für Ihre Graupapageien haben. Sie enthält ein sauberes Handtuch, sterile Tupfer und Handschuhe, blutstillende Watte, Einwegspritzen, Kalziumpräparate, Mullkompressen, Wunddesinfektionsmittel, Elektrolytpulver und 3%ige Eisen-III-Chlorid-Lösung. Diese verschließt schnell stark blutende Wunden, brennt aber sehr stark. Ihr Vogel wird versuchen, sich zu wehren und zu beißen. Halten Sie ihn deshalb unbedingt mit einem Frotteehandtuch fest, wenn Sie diese Lösung benutzen müssen.

Gefahren vermeiden

TIPPS VON DER GRAUPAPAGEIEN-EXPERTIN
Hildegard Niemann

GIFTIGE GASE Teflonbeschichtete Pfannen, Töpfe, Waffeleisen und Föhne sondern beim Erhitzen giftige Gase ab. Auch Zimmerdeodorants, Duftkerzen, Parfüms und Zigaretten dürfen nicht in die Nähe von Graupapageien.

SCHWERMETALLE Schlüsselringe, Geldstücke oder Modeschmuck, die Zink, Blei oder Kadmium enthalten, können Schwermetallvergiftungen bei den Grauen verursachen, wenn diese daran nagen. Lassen Sie sie nicht herumliegen und tragen Sie beim Spielen keinen Schmuck.

HITZEQUELLEN Heiße Herdplatten, Tassen mit heißen Getränken und Kerzen können zu schweren Verbrennungen führen.

TÜREN, FENSTER, SCHUBLADEN Werden sie durch einen Luftzug oder versehentlich zugeschlagen, verursachen sie Quetschungen oder Brüche. Stopper aus dem Babyfachhandel schützen davor.

OFFENES WASSER In Aquarien, Toiletten, Wasserkrüge oder Wassereimer kann ein Graupapagei versehentlich hineinfallen. Decken Sie solche Gefahrenquellen sorgfältig ab!

Patient Graupapagei

Dass ein Vogel krank ist, erkennt man häufig als Erstes daran, dass er auf beiden Beinen mit aufgeplustertem Gefieder dasitzt. Er schläft mehr als gewöhnlich und zu sonst unüblichen Tageszeiten. Eindeutige Krankheitsanzeichen sind gerötete Augen, Ausfluss aus der Nase, ein unangenehmer Geruch aus dem Schnabel und eine veränderte Kotbeschaffenheit. Vögel mit Atmungsproblemen wippen beim Atmen mit dem Schwanz und weigern sich zu fliegen. Auch vermehrtes Trinken, Würgen und Erbrechen sind ernste Hinweise auf eine Krankheit. Schleichende Veränderungen wie stumpfes Gefieder, abbrechende oder fehlgebildete Federn, vermehrte Hornbildung am Schnabel sowie Fehlfarben oder Stress-Streifen im Gefieder werden oft erst sehr spät wahrgenommen, sind aber ebenfalls Anzeichen für gesundheitliche Probleme der Grauen.

Schnell zum Tierarzt

Wenn Sie eines oder mehrere dieser Symptome an einem Graupapagei beobachten, lassen Sie ihn umgehend bei einem Facharzt für Ziervögel gründlich untersuchen. Falls der Graue eine Weile Medikamente zu sich nehmen muss, lassen Sie sich dort auch genau zeigen, wie Sie diese daheim verabreichen sollen. Geben Sie keine Medikamente ohne eine Diagnose und fragen Sie beim Tierarzt nach, wenn Sie etwas nicht verstanden haben. Die Gesundheit Ihres Vogels hängt von Ihrer Behandlung daheim ab, und es ist wichtig, dass Sie die Anweisungen des Tierarztes umsetzen können. Wurde eine für Papageien ansteckende Krankheit diagnostiziert, müssen Sie auch ein eventuell noch nicht erkranktes Partnertier mitbehandeln.

Kleiner Krankenpflege-Kurs

Daheim bringen Sie den kranken Vogel in einem kleinen Käfig in einem ruhigen Raum unter.

› Bieten Sie dem Tier nach Rücksprache mit dem Tierarzt eine Wärmequelle wie eine Rotlichtlampe auf einer Seite des Käfigs an und decken Sie die andere Käfigseite mit einem Handtuch ab, damit sich der Graue zurückziehen kann.

› Legen Sie den Boden mit einem Handtuch aus, damit der kranke Vogel weich fällt, wenn er sich nicht mehr auf dem Ast halten kann.

› Prüfen Sie, ob Ihr Grauer genug trinkt, indem sie die Wassermenge im Napf morgens und abends messen. Bieten Sie ihm neben normalem Futter auch Heilnahrung an (Tierarzt). Sehr kranke Tiere müssen mit der Spritze (ohne Nadel!) gefüttert werden. Diese müssen Sie nach jeder Benutzung desinfizieren, um eine erneute Infektion zu vermeiden.

› Medikamente verabreichen Sie in flüssiger Form in Früchtebrei, Obstsaft, eingespritzt in eine Weintraube oder in etwas leicht gesüßtem Kamillentee aufgelöst. Wechseln Sie täglich die Darreichungsform, denn der Graue wird sich unter Umständen weigern, die Medikamente zu nehmen. Überlisten Sie ihn, indem Sie jeden Tag ein anderes Futtermittel wählen. Falls der Graupapagei sich trotzdem weigert, müssen Sie ihn in ein Handtuch einwickeln und die Medizin seitlich in den Schnabel träufeln.

› Bevor Sie Salben und Cremes zur Behandlung von Hautkrankheiten und wunden Stellen auftragen, müssen Sie unbedingt sterile Handschuhe anziehen. Keinesfalls dürfen Sie die infizierten Stellen ungeschützt berühren und zusätzlich mit Keimen von Ihren Händen belasten.

Die wichtigsten Krankheiten

KRANKHEIT	SYMPTOME	URSACHEN/BEMERKUNG
PSITTAKOSE/ PAPAGEIEN-KRANKHEIT	Geschwollene Augen, rotes Augenlid, Nasenausfluss, der normal weiß gefärbte Harnsäureanteil des Kotes ist gelb gefärbt, Durchfall	Chlamydophila psittaci; die Psittakose ist auf Menschen übertragbar und anzeigepflichtig
PBFD-VIRUS-INFEKTION	Feder- und Hornveränderungen, mit jeder Mauser schlimmer, Durchfall, Apathie, Appetitlosigkeit, Rupfen	PBFD-Virus, aviäres Circovirus; Vögel ohne Symptome können Überträger sein, oft bei Jungvögeln unter 1 Jahr, dann meist tödlich
DRÜSEN-MAGEN-DILATATION	Abmagern, Erbrechen, unverdaute Nahrung im Kot, vermehrter Urinabsatz, Muskelzittern, erweiterter Drüsenmagen, Koordinationsprobleme	Vermutlich aviäre Borna-Viren; Vögel ohne Symptome können Überträger sein
KALZIUM-MANGEL	Befiederungsstörungen, Krampfanfälle, bei Jungvögeln Knochendeformationen	Kalziumarme Körnerfütterung, Lichtmangel (UV-B-Strahlen)
VITAMIN-A-MANGEL	Abszesse an Schnabel, Nase und Augen, übermäßige Hornbildung an Füßen und Schnabel, Veränderungen an Schleimhäuten	Falsche Ernährung, Lichtmangel; Vorsicht: Eine Überdosierung ist mit Vitamin-A-Präparaten möglich
ASPER-GILLOSE	Apathie, wippende Atmung, Stimmverlust, Vogel fliegt nicht mehr, Erstickungsanfälle	Schimmelpilz Aspergillus sp.; Diät notwendig, Granulome operativ entfernen (Tierarzt)
HEFEPILZE	Durchfall, Erbrechen, übler Geruch aus dem Schnabel	Hefepilz Candida sp.; Infektion meist über alte Obstreste, Schmutz an Gitterstäben usw.
FETTLEBER	Dunkle, schmierige Federn, rote Federn an ungewöhnlichen Stellen, Juckreiz, Schnabel und Krallen überwachsen, Rupfen	Zu fettreiche/vitaminarme Ernährung; kann langfristig zu Arteriosklerose führen, Umstellung auf ein Diätfutter ist notwendig
NIERENGICHT	Krämpfe, Erbrechen, Abmagern, wässriger Kot, Ablagerungen am Kloakengefieder, helle Knoten an Zehengelenken, Vogel trinkt viel	Zu eiweißhaltige Ernährung, Vitamin-A-Mangel, Alterserscheinung; Diätfutter notwendig, sehr schmerzhaft
ZINK-/BLEI-VERGIFTUNG	Durst, Erbrechen, wässriger giftgrüner und/oder blutiger Durchfall, Krämpfe, Lähmungen	Benagen, Verschlucken, Ablecken schwermetallhaltiger Gegenstände (z. B. Modeschmuck)
BAKTERIELLE INFEKTIONEN	Niesen, Nasenausfluss, Erweiterung der Nasenlöcher	Infektion mit Pseudomonaden, Staphylococcus aureus usw.; mangelhafte Hygiene
FEDERFOLLIKEL-ENTZÜNDUNG	Juckreiz, Rupfen	Zu niedrige Luftfeuchte, Fettleber, bakterielle Hautinfektion

Vertrauen, Spiel & Spaß

Mit dem Einzug der Graupapageien beginnt eine aufregende Zeit für Mensch und Tier – die jetzt wachsende Freundschaft wird mitunter 50 Jahre halten. Voraussetzungen sind ein harmonischer Start und der Aufbau einer vertrauensvollen Beziehung. Mit Geduld und Liebe sind die Grauen bald ein fester Teil der Familie.

Teamwork mit Graupapageien

Die ersten Tage im neuen Heim sind für alle Graupapageien sehr aufregend. Oft sind sie misstrauisch und ängstlich. Geben Sie den Vögeln Zeit, sich einzugewöhnen. Sprechen Sie sanft und mit abgewandtem Kopf mit ihnen und lesen Sie ihnen ab und zu etwas vor. So gewöhnen sich die Grauen schnell an Ihre Stimme und Körpersprache. Lassen Sie nach jedem Kontakt ein Leckerchen in den Futternapf fallen. Rasch lernen die schlauen Afrikaner, dass der Kontakt mit Ihnen immer mit einem Leckerbissen verbunden ist.

Handaufgezogene Vögel sind weniger scheu und suchen bald von sich aus den Kontakt. Elternaufgezogene Tiere sind meist ängstlicher und brauchen länger, bis sie Vertrauen aufbauen. Ältere Graupapageien, die schon ein oder zwei Haltungen erlebt haben, entscheiden selbst, wann und wie sie sich Ihnen nähern. Überlassen Sie das Tempo den Vögeln.

Erste Schritte

Sobald Sie feststellen, dass sich die Grauen freuen und nicht mehr ängstlich reagieren, wenn Sie sich dem Käfig nähern, können Sie versuchen, den Tieren das Leckerchen aus der Hand zu geben. Lassen Sie dabei immer die Vögel auf sich zukommen und greifen Sie niemals in den Käfig. Sie setzen die Grauen sonst unter Druck und zerstören bereits aufgebautes Vertrauen. Zeigen Sie den Vögeln das Leckerchen und beobachten Sie, ob die Grauen von sich aus kommen. Haben die Vögel kein Interesse, nehmen Sie die Hand nach ein paar Sekunden hinter den Rücken und entfernen sich. Vermutlich haben die Grauen gerade keinen Hunger. Versuchen Sie es einfach in ein paar Minuten noch einmal.

Schnell werden die klugen Grauen begreifen, dass Sie ihnen immer wieder besondere Leckereien an den Käfig bringen. Machen Sie aus diesen Begegnungen ein Spiel, indem Sie die Grauen nun mit dem Leckerchen durch den ganzen Käfig führen. Bei ängstlichen Tieren klappt dies auch gut durch die Gitterstäbe. So bauen Sie eine freundliche Beziehung zu Ihren Vögeln auf und gewinnen selbst Sicherheit im Umgang mit den Tieren. Ersetzen Sie nun die Leckerchen ab und zu durch Handspielzeug oder einen frischen Zweig. Viele Graupapageien haben ganz bestimmte Spielzeugvorlieben. Finden Sie diese nach und nach heraus – das gibt Ihnen später bei Konflikten die Möglichkeit, die Grauen mit ihrem Spielzeug abzulenken.

Der Bann ist gebrochen: Vertrauensvoll nimmt der Graue bei offener Tür ein Leckerchen aus der Hand.

Die Körpersprache verstehen

Beobachten Sie Körpersprache und Aktivitäten der Graupapageien, bevor Sie zum Käfig gehen. Spielende, schlafende oder sich putzende Vögel sind zu beschäftigt, um sich mit Ihnen auseinanderzusetzen.

› Sprechen Sie die Grauen an, bevor Sie ein Leckerchen anbieten. Nimmt der Graue einen Leckerbissen aus der Hand und lässt ihn fallen, entfernen Sie sich. Der Vogel ist nicht entspannt und wird vermutlich beim nächsten Versuch nach Ihnen hacken.

› Falls sich ein Graupapagei ängstlich zurückzieht, wenn Sie sich dem Käfig nähern, beginnen Sie mit einem Clickertraining auf Distanz, um das Tier nicht weiter unter Druck zu setzen (→ Seite 46/47).

› Kontaktrufe und Sprechspiele helfen den Grauen, sich einzuleben. Nennen Sie Dinge, die Sie den Grauen reichen, mit Namen und loben Sie sie, wenn sie den Gegenstand annehmen und vielleicht sogar das richtige Wort wiederholen. Wenn Sie aus dem Raum oder Haus gehen, sagen Sie den Vögeln, dass Sie gleich wiederkommen. Pfeifen und singen Sie mit ihnen so oft wie möglich. Das hilft den Vögeln, Kontakt zu Ihnen zu halten und erweitert ihr Vokabular.

› Manche Graupapageien wiederholen von selbst Wörter. Mit solchen Vögeln können Sie das Sprechen trainieren. Seien Sie aber nicht enttäuscht, wenn Ihr Vogel keine Wörter spricht, sondern andere Laute wiederholt. Zwar können alle Grauen sprechen, doch nicht alle haben Lust dazu.

› Manche Graue wiederholen technische Geräusche wie die Kaffeemaschine oder den Handyklingelton. Sie haben schnell begriffen, dass der Halter dann zu seinem Telefon läuft. Ein herrliches Spiel!

Durch Respekt Vertrauen schaffen

Graupapageien sind überaus intelligent und verspielt, aber auch sehr sensibel und vorsichtig. Damit sie nicht verunsichert werden und sich geborgen fühlen, sollten Sie im Alltag einige wichtige Verhaltensregeln beachten.

Tut gut

+ Alle Aktivitäten sollen Vertrauen schaffen. Respektieren Sie die Körpersprache der Vögel und akzeptieren Sie, wenn die Grauen sich nicht mit Ihnen beschäftigen möchten.

+ Benutzen Sie im Alltag immer die gleichen Kommandos für dieselben Aktivitäten. So wissen die Vögel immer, was von ihnen verlangt wird.

+ Loben Sie Ihre Grauen, wenn sie sich gut benehmen, und bestätigen Sie sie mit einem Leckerchen.

+ Überprüfen Sie die Umweltbedingungen, damit sich die Graupapageien auch körperlich wohlfühlen. Das A und O ist ein sicherer Rückzugsort.

Besser nicht

− Setzen Sie die Graupapageien niemals unter Druck. Die scheuen Vögel reagieren mit Angst und Aggressivität.

− Lassen Sie nie Fremde in den Käfig greifen. Der Rückzugsort Ihrer Papageien ist ihr sicherster Platz und für andere tabu.

− Vermeiden Sie Konflikte und versuchen Sie, jede Situation positiv abzuschließen. Nur so kann Vertrauen wachsen.

− Bestrafen Sie die Grauen niemals. Strafe verstehen Graupapageien nicht. Sie bekommen vielmehr Angst vor Ihnen.

− Belohnen Sie unerwünschtes Verhalten nicht mit Aufmerksamkeit, sondern lenken Sie die Vögel davon ab.

Eine Freundschaft entsteht: erste Step-up-Übung

Einer der wichtigsten Schritte im Aufbau einer vertrauensvollen Beziehung ist das Üben der Handkontrolle: Der Vogel lernt, auf Kommando, aber ohne Druck, auf Ihre Hand zu kommen. Dies gibt Ihnen die Möglichkeit, den Vogel rasch in den Käfig zu bringen, wenn Sie zum Beispiel das Haus verlassen müssen, und stellt sicher, dass der Papagei in einer Stress- oder Notsituationen zuverlässig zu Ihnen kommt. Nehmen Sie sich für die Step-up-Übung viel Zeit. Zu Beginn dieses Trainings bleibt der Graue im Käfig und Sie halten Ihre Hand hinein, nach den ersten Erfolgen üben Sie außerhalb des Käfigs.

› Vergewissern Sie sich zunächst, dass der Vogel auch Lust hat, mit Ihnen zu üben. Zeigen Sie ihm ein Leckerchen. Streckt er den Hals und möchte er das Leckerchen haben, sind die Trainingsbedingungen gut: Der Graue ist motiviert mitzuarbeiten. Wendet er sich ab oder zeigt er kein Interesse, versuchen Sie es später einfach noch einmal.

› Beobachten Sie zunächst, ob Ihre Grauen Rechts- oder Linksfüßer sind. Der von einem Vogel zuerst benutzte Fuß wird auch derjenige sein, mit dem er auf die Hand steigen wird. Die Hand sollte daher so gehalten werden, dass er mit seinem favorisierten Fuß bequem aufsteigen kann.

› Die meisten Grauen steigen mit einem Vorwärtsschritt auf die Hand und verlassen sie auch mit einem Schritt nach vorn wieder.

› Einige Papageien sind dagegen »Back-Stepper«, die zwar von vorn auf die Hand steigen, diese aber mit einem Schritt rückwärts wieder verlassen. »Side-Stepper« steigen lieber seitwärts auf die Hand und verlassen diese auch genauso wieder. Wieder andere Graue möchten lieber auf eine flach ausgestreckte Hand steigen, während ein anderer Artgenosse vielleicht zwei ausgestreckte Finger fordert, um besser greifen zu können. Beobachten Sie daher Ihre Grauen in den ersten Tagen und finden Sie heraus, welcher Papagei welcher »Step-Typ« ist.

› Konzentrieren Sie sich bei diesen ersten Trainingseinheiten ganz auf Ihre Graupapageien. Telefon, Radio und TV-Gerät sollten ausgeschaltet sein, andere Familienmitglieder sollten sich ruhig verhalten. Entspannen Sie sich vor den Übungen und halten Sie reichlich Leckerchen bereit. Arbeiten Sie zunächst nur am oder im Käfig und setzen Sie die Grauen von der Hand aus auf einen Ast, wieder auf die Hand und dann auf einen anderen Ast, damit die Vögel und Sie Routine im Umgang miteinander entwickeln.

Tut das gut! Bevor Graue handzahm werden, lassen sie sich oft zunächst am Köpfchen kraulen.

Für gefiederte Angsthasen

Graupapageien, die bereits schlechte Erfahrungen mit Händen machen mussten, weigern sich oft hartnäckig, auf die Hand zu steigen. Ein Stock oder ein hölzerner Kochlöffel können Ihnen in einer solchen Situation als Handersatz gute Dienste leisten, denn sie sind nicht angstbesetzt und der Graue kann sich mit seinem Schnabel vergewissern, dass dieser Gegenstand ungefährlich ist. Füttern Sie den Grauen zunächst mit Leckerbissen, während Sie den Stock locker an der anderen Hand hängen lassen. So verbindet das ängstliche Tier den Stock mit einer positiven Erfahrung, und es wird ihm leichter fallen, nach und nach auf diesen zu steigen. Mit viel Geduld ist es dann vielleicht auch möglich, dass er die Angst vor der Hand verliert.

1 GEDULD Locken Sie den Grauen mit Lieblingsleckerchen auf den Übungssitz. Diese Leckerchen bekommt er nur hier. Ihr Graupapagei ist noch skeptisch und weiß nicht, ob er der Hand vertrauen kann. Legen Sie die linke Hand an das Astende und geben Sie dem Vogel aus der rechten ein Leckerchen, wenn er sich in Richtung Ihrer linken Hand streckt, die die ganze Zeit ruhig liegen bleibt.

2 ERSTER ERFOLG Lotsen Sie den Grauen mit einem Leckerchen langsam auf die linke Hand. Sobald ein Fuß auf Ihrer Hand ruht, bekommt er Futter und wird gelobt. So begreift er, dass es ungefährlich ist und sich lohnt, den Fuß auf die Hand zu stellen und dort zu bleiben. Doch überfordern Sie den Vogel nie: Wenn Sie zu schnell vorgehen, wird der Graue ängstlich und fliegt davon.

3 GESCHAFFT Der Graue hat begriffen, dass es ungefährlich ist, auf die Hand zu steigen. Belohnen Sie ihn reichlich und loben Sie ihn kräftig. Die Hand bleibt ruhig an der Stange liegen, damit der Vogel zurückklettern kann, wenn er sich unwohl fühlt. Erst wenn Sie beide sich sicher fühlen, dürfen Sie langsam die Hand von der Stange lösen und den Grauen an einen anderen Ort bringen.

Abenteuer Freiflug

Sobald die Grauen zuverlässig auf die Hand kommen, ist der tägliche mehrstündige Freiflug Pflicht. Beim ersten Mal ist das sicher ein großes Abenteuer. Planen Sie für den Tag des ersten Freiflugs keine Termine ein: Sie wissen nicht, wie lang die Grauen außerhalb des Käfigs sein werden und ob Sie sie problemlos wieder in den Käfig zurücksetzen können.

Vorbereitung Sagen Sie allen Familienmitgliedern, dass die Grauen ihren ersten Freiflug haben und schalten Sie alle Gefahrenquellen aus (→ Seite 33). Große Fensterscheiben sollten Sie mit Pop-ups aus Papier bekleben, damit die Vögel erkennen, dass dort ein Hindernis ist. Die Zimmertür bleibt beim ersten Freiflug noch geschlossen, damit die Grauen zunächst nur ihre direkte Umgebung kennenlernen.

Timing Der erste Freiflug sollte nicht direkt nach einer Mahlzeit erfolgen, denn dann sind die Vögel satt und es fehlt ihnen später der Anreiz, für eine leckere Mahlzeit wieder in den Käfig zu gehen. Ein guter Zeitpunkt ist der frühe Nachmittag, dann sind die Grauen bis zum Abend müde und hungrig und freuen sich auf ihr Futter im Käfig.

Der tägliche mehrstündige Freiflug ist für Graupapageien Pflicht. Flugübungen machen nicht nur Spaß, sondern sorgen dafür, dass die Afrikaner fit und gesund bleiben.

Und los gehts Dank Ihres Step-up-Trainings im Käfig können Sie die Grauen nun vorsichtig aus dem Käfig holen und auf dem Freisitz oder an einem anderen Ort absetzen. Viele Papageien fliegen zunächst hektisch umher und suchen sich einen möglichst hohen Sitzplatz, von dem aus sie alles beobachten können. Nun ist Geduld gefordert, denn die Grauen werden eine ganze Weile nur sitzen und beobachten, bevor sie beginnen, ihre Umwelt zu erkunden. Körbe mit Handspielzeug und ein mit viel Spielzeug ausgestatteter Freisitz sorgen dafür, dass die Neugier der Vögel auf ungefährliche Objekte gelenkt und das Mobiliar geschont wird.
Beginnen Sie in dieser Phase, den Grauen Leckerchen aus der Hand anzubieten. Lassen Sie die kleinen Afrikaner entscheiden, wann sie zu Ihnen kommen möchten, und versuchen Sie, die Vögel mit der Hand von einem Ort zum anderen zu dirigieren. So fällt es Ihnen später leichter, die Grauen wieder in den Käfig zu setzen, und die Vögel lernen, dass Sie die Leckerchen geben. Auch Spielzeug dürfen Sie den Grauen jetzt aus der Hand anbieten.

Zurück in den Käfig

Wenn es Zeit für die Abendmahlzeit ist, zeigen Sie den Grauen, dass Sie das Futter in den Käfig bringen. Sind die Vögel schon handzahm oder stockzahm, nehmen Sie jeden Vogel auf die Hand und tragen Sie ihn zum Käfig. Füttern Sie ihn auf dem Weg mit Leckerchen, denn das Sitzen auf der Hand und das Tragen zum Käfig ist ein Verhalten, das kontinuierlich bestätigt werden muss. Im Käfig selbst gibt es ein ganz besonderes Leckerchen, und der Graue wird kräftig gelobt. Singen und spielen Sie noch ein wenig mit den Vögeln, bevor diese sich ihrer Mahlzeit widmen. Die Grauen sollen nicht das Gefühl haben, dass sie in den Käfig abgeschoben wurden.
Nicht handzahme Graue kann man mit dem Clickerstick (→ Seite 47) in den Käfig dirigieren. Natürlich sollen auch solche Graue für positives Verhalten belohnt werden, und so wartet schon ein ganz besonderer Leckerbissen auf den schüchternen Vogel, wenn er in den Käfig geht.

Was nehm' ich denn zuerst? Einen Freisitz mit viel Spielzeug und frischen Ästen werden die Grauen lieben.

Graupapageien-Schule

Graupapageien gehören zu den intelligentesten Vögeln. Deshalb langweilen sich Graue im normalen Alltag häufig, wenn sie nicht ausreichend intellektuell gefördert werden. Dazu kommt, dass die Kommunikation zwischen dem Halter und dem Vogel oft gestört ist, weil der Graue nicht weiß, was der Halter ihm mitteilen möchte. Eine liebevolle Erziehung auf Basis der positiven Verstärkung hilft, den Alltag mit den Grauen ausgeglichen, freundlich und interessant zu gestalten.

Lernen mit positiver Verstärkung

Positive Verstärkung beruht auf dem Prinzip, dass Sie erwünschtes Verhalten des Papageis mit einem Verstärker belohnen und so die Wahrscheinlichkeit erhöhen, dass er dieses Verhalten erneut zeigt. Verstärker können je nach Situation ganz unterschiedlich sein. Vielfach wird Futter in Form von Leckerchen, die nur während des Trainings angeboten werden, verwendet. Aber auch Lob, Aufmerksamkeit oder ein Spielzeug können Verstärker sein. Der Vorteil der positiven Verstärkung ist, dass das Tier das belohnte Verhalten häufiger zeigen wird, da es mehr Verstärker bekommen möchte. Die Motivation des Grauen mitzuarbeiten wächst also.
Im Gegensatz dazu beruht negative Verstärkung auf dem Prinzip, dass der Halter erwünschtes Verhalten des Papageis durch die Entfernung eines unangenehmen Reizes belohnt. Dies kann das Besprühen eines schreienden Papageis mit Wasser sein. Der Papagei hört auf zu schreien, damit der Halter mit dem Besprühen aufhört. Der Wasserstrahl wird also vom Halter als negativer Verstärker eingesetzt. Bei dieser Form der Verstärkung hat das Tier jedoch keine Motivation weiter mitzuarbeiten, denn der negative Verstärker wurde ja entfernt. Negative Verstärkung sollte deshalb im Training mit Graupapageien nie angewandt werden.

Regeln der **positiven Verstärkung**

MOTIVIEREN Wählen Sie kleine Verstärker bzw. Leckerchen. Große Leckerchen machen schneller satt, und die Motivation weiterzuarbeiten sinkt.

SCHNELL REAGIEREN Bestätigen Sie zeitgenau. Nur so kann der Graue erkennen, welches Verhalten er häufiger zeigen soll.

JACKPOT Belohnen Sie korrekt ausgeführtes Verhalten mit einem besonders attraktiven Leckerchen.

IM ALLTAG ÜBEN Machen Sie eine Liste aller Verhaltensweisen, die die Grauen häufiger zeigen sollen. Bestätigen Sie diese auch im normalen Alltag immer wieder mit einem Leckerchen. Auch zufällig gezeigtes Verhalten kann so intensiviert werden und wird anschließend öfter gezeigt.

Damit Belohnung nicht krank macht

Wenn Sie regelmäßig mit Ihren Graupapageien arbeiten, werden Sie als Verstärker viele Leckerchen einsetzen. Damit die Vögel nicht krank werden, müssen Sie diese Leckerchen von der Gesamtfuttermenge abziehen. Dies gelingt, indem Sie durch Abwiegen der Futtermenge herausfinden, wie viel Trockenfutter (Körner, Extrudate und Pellets) Ihre Grauen tatsächlich fressen (→ Seite 26). Teilen

Für manche Graue sind Ihr Lob und Ihre Aufmerksamkeit als positive Verstärker und Motivation wichtiger als Futter oder Spielzeug.

Andere sind dagegen Leckermäuler: Bei ihnen geht nichts über das Lieblingsleckerchen zur Belohnung. So macht Erziehung allen Freude!

Sie diese Menge durch drei und füttern Sie ein Drittel morgens und ein Drittel abends. Ein Drittel, vorzugsweise das Körnerfutter, füttern Sie während des Trainings als Belohnung aus der Hand. Besondere Leckerchen, wie Bananenchips oder getrocknete Feigen, gibt es nur in Konfliktsituationen oder wenn die Vögel in den Käfig gehen sollen.

Step-up-Training für Fortgeschrittene

Durch das Step-up-Training im Käfig haben Sie schon die ersten Schritte in der Erziehung mit positiver Verstärkung gemacht. Jetzt sollen die Grauen auch außerhalb des Käfigs zuverlässig auf die Hand gehen. Bieten Sie dem Grauen, mit dem Sie arbeiten möchten, ein Leckerchen an und beobachten Sie, ob er mitarbeiten will. Ihre Hand zum Aufsteigen ist wie im Käfig am gewohnten Platz, also leicht oberhalb der Sitzgelegenheit, auf der der Graue sich befindet. Zeigt er keine Reaktion, nehmen Sie beide Hände auf den Rücken. Bieten Sie das Leckerchen nicht über einen langen Zeitraum an, sondern halten Sie die Möglichkeit, sich einen Verstärker zu verdienen, kurz. Dies erhöht die Motivation des Grauen mitzuarbeiten. Warten Sie einen Moment und versuchen Sie dann erneut, den Grauen zu motivieren, auf Ihre Hand zu gehen. Nach drei vergeblichen Versuchen ziehen Sie sich zurück und versuchen es später noch einmal. Der Graue wird schnell begreifen, dass Sie das Leckerchen nur für kurze Zeit anbieten, und vermutlich bald mitarbeiten. Verfahren Sie genauso, wenn Sie den Grauen absetzen möchten. Halten Sie dabei aber die Hand etwas unterhalb der Sitzgelegenheit, auf die der Graue steigen soll. Papageien mögen es oft nicht, wenn sie hinuntersteigen müssen, und haben Probleme, wenn man die Hand falsch an den Sitzast hält. Wundern Sie sich nicht, wenn zunächst nur ein Graupapagei mitarbeitet und der andere zuschaut. Besonders männliche Vögel neigen dazu, sich Verhalten durch Beobachten anzueignen. Der kleine Kerl wird das erwünschte Verhalten bald ohne jede zusätzliche Übung beherrschen.

Konsequenz muss sein

Auch wenn wir uns sehr viel Mühe geben, eine Wohnung papageiensicher zu gestalten, gibt es einige Dinge, die unsere Afrikaner nicht annagen und kaputt machen dürfen. Doch manchmal tun gerade das die kleinen Querulanten liebend gern, weil sie wissen, dass sie dann die Aufmerksamkeit ihres Halters bekommen. In solchen Situationen ist Konsequenz das oberste Gebot.
Erstellen Sie deshalb eine Liste all der Dinge, die für die Grauen verboten sind. So sind sich alle Familienmitglieder einig, und es kommt nicht zu Unstimmigkeiten, die die Grauen verwirren würden oder die unerwünschtes Verhalten sogar noch verstärken. Parallel dazu fertigen Sie eine Liste mit Aktivitäten an, die für die Grauen so attraktiv sind, dass sie dafür verbotene Orte sofort verlassen.

Der Clickerstick zeigt dem Grauen, in welche Richtung er gehen soll. Ein wertvolles Hilfsmittel für ängstliche und aggressive Vögel!

Bedenken Sie immer, dass es im Freiland für Graue kein »Nein« gibt. Das Konzept des Verbots und der Strafe ist daher für Graupapageien völlig unverständlich und wird deshalb meist auch nicht befolgt. Sinnvoller ist es, eine schöne Alternative anzubieten und damit den Konflikt zu vermeiden. Wird die Situation einmal zu gefährlich, wählen Sie ein besonders begehrtes Leckerchen und rufen Sie den Unsinn treibenden Grauen zu sich. Eine kurze Trainingseinheit von zwei bis drei Minuten hilft, diese Konfliktsituation positiv aufzulösen und den Graupapageien auf andere Gedanken zu bringen. Anschließend bieten Sie dem Vogel sein Lieblingsspielzeug an, damit er nicht zu seinem vorherigen Verhalten zurückkehrt.

Der Trick mit dem Click

Eine besonders effiziente Trainingsmethode, um das Verhalten eines Tiers zu beeinflussen und es von unerwünschtem Verhalten abzubringen, ist das Clickertraining. Das Tier lernt, dass auf einen bestimmten Reiz – das Clickgeräusch – hin ein positiver Verstärker, also etwa ein Leckerchen, gegeben wird. Mit seinem Verhalten kann das Tier nun beeinflussen, ob es diesen Verstärker erhalten wird oder nicht. Der Halter wiederum kann mit dem Clickgeräusch sehr zeitgenau ein bestimmtes Verhalten markieren und dem Tier damit zeigen, dass dies das Verhalten ist, mit dem es sich einen Verstärker verdienen kann. Clickertraining ist also eine Trainingsmethode, bei der das Tier das Tempo und den Lernfortschritt selbst bestimmen kann.
Um mit Graupapageien erfolgreich clickern zu können, sollten Sie einige wichtige Punkte beachten:

› Männliche Graupapageien reagieren in Stress- und Angstsituationen manchmal mit einem knackenden Geräusch, dass dem Clickergeräusch sehr ähnlich ist. Wählen Sie daher einen sehr leisen Clicker und prüfen Sie, wie die Graupapageien darauf reagieren. Viele Graupapageien begreifen sehr schnell, dass dem Clickgeräusch ein Leckerchen folgt, und beginnen, sowohl ihren Partnervogel als auch ihre Umgebung mit der eigenen Stimme zu clickern. Dann sollten Sie ohne Clicker weiterarbeiten, da die Grauen sich sonst gegenseitig stressen.

› Wählen Sie einen Clicker mit integriertem Targetstick (Clickerstick). Im Gegensatz zu Hunde- und Katzenhaltern arbeitet man als Papageienhalter oft direkt am Vogel und benutzt gleichzeitig Spielzeug. Oft kommt es dann zu Problemen. Weil man zu viele Gegenstände in der Hand hat, gibt man das Leckerchen zu spät, und der Vogel ist frustriert.

Nichts macht Grauen mehr Spaß, als Unsinn zu treiben. Bieten Sie den Vögeln Alternativen zu verbotenen Gegenständen an, die ihnen besser gefallen.

Clickertraining Schritt für Schritt

Finden Sie zunächst das Lieblingsleckerchen des jeweiligen Graupapageis heraus.

› Reichen Sie dem Graupapagei das Leckerchen und clicken Sie in dem Moment, in dem der Graue das Leckerchen aus Ihrer Hand nimmt. Meist benötigen Graupapageien nur wenige Wiederholungen, bis sie den Zusammenhang zwischen Clicker und Leckerchen verstehen.

› Ziehen Sie nun den integrierten Stab aus dem Clicker und lassen Sie den Grauen vorsichtig hineinbeißen. In dem Moment, in dem der Graue den Target mit dem Schnabel berührt, clicken Sie und reichen Sie dem Vogel das Leckerchen. Schnell hat der Afrikaner begriffen, dass er das Leckerchen dann bekommt, wenn er in den Targetstick beißt.

› Nun beginnen Sie, den Targetstick im Raum zu bewegen, sodass der Vogel hinter dem Targetstick herlaufen muss. Jede Berührung des Schnabels mit dem Targetstick muss mit einem Click und einem Leckerchen belohnt werden.

› Da der Graue das Prinzip des Clickerns nun begriffen hat, können Sie langsam beginnen, auch andere Verhaltensweisen mit einem Click und einem Leckerchen zu bestätigen.

› Achten Sie beim Training unbedingt darauf, dass Sie den Vogel nicht überfüttern (→ Seite 44). Trainieren Sie immer nur sehr kurz – zwei bis drei Minuten sind ausreichend – und schließen Sie die Übungen immer positiv ab.

Mein Tipp Clickertraining ist vor allem für sehr ängstliche und aggressive Papageien gut geeignet, denn das konstante Geräusch gibt ihnen Sicherheit. Bei diesen Tieren legen Sie zu Beginn des Trainings einfach das Leckerchen in den Napf und clicken Sie in dem Moment, in dem es der Graue herausholt.

Erziehungsfehler vermeiden

Nicht selten kommt es aufgrund von Missverständnissen zu Kommunikationsproblemen zwischen dem Halter und seinen gefiederten Familienmitgliedern. Die Aufmerksamkeit des Halters scheint vielen Graupapageien sehr wichtig zu sein, und so versuchen sie alles, um diese auch zu bekommen. Die Qualität der Aufmerksamkeit ist den Grauen zunächst gleichgültig. Sie reagieren auch auf negative Reaktionen wie zum Beispiel Schimpfen oder Zurechtweisungen. Unsere Körpersprache zeigt den Grauen dabei sehr deutlich, wie wir uns fühlen und was wir zu tun gedenken. Es ist für einen klugen Grauen daher leicht, unsere Reaktionen schon im Vorfeld einer Aktion zu erahnen. Um unerwünschtes Verhalten nicht zu verstärken, sollten Sie sich deshalb möglichst vom ersten Tag der Graupapageienhaltung an daran gewöhnen, dieses Verhalten nicht mit Aufmerksamkeit zu bestätigen.

Alternativen bieten

Kommt es doch zu unerwünschten Verhaltensweisen, hilft Ihnen ein Tagebuch, schnell zu erkennen, ob dieses Verhalten regelmäßig auftritt und in welchen Situationen Sie besonders aufmerksam sein sollten. Sobald Sie ein bestimmtes Verhaltensmuster gefunden haben, können Sie dieses konsequent durch antrainierte Übungen und ein intensives Beschäftigungsprogramm unterbrechen. Es hilft nicht, unerwünschtes Verhalten einfach zu ignorieren. Man muss dem Vogel vielmehr eine Alternative anbieten, die sich für ihn lohnt.

› Machen Sie sich klar, dass das unerwünschte Verhalten zunächst intensiver gezeigt werden wird, denn der Graupapagei hat in der Vergangenheit gelernt, dass er mit diesem Verhalten Ihr Verhalten manipulieren kann. Einmal erlerntes Verhalten kann man nicht mehr verlernen, sondern muss es durch ein anderes Verhalten ersetzen. Diesen Lernprozess muss der Graupapagei jetzt aktiv durchleben. Zunächst wird er aber versuchen, sein altes Verhaltensmuster beizubehalten, und es sogar noch intensivieren, um eine Reaktion zu bekommen.

› Verfolgen Sie Ihre Strategie konsequent weiter, bis der Graue begreift, dass er mit seinem alten Verhalten keinen Erfolg mehr hat.

› Hilfreich ist bei dieser »Umerziehung«, Verhaltensweisen anzutrainieren, die Sie auch auf die Entfernung hin gut abfragen können, z. B. die Übung »Adler« (→ Seite 53). Das Kommando zu diesen Übungen können Sie blitzschnell geben, sobald der Vogel sein unerwünschtes Verhalten zu zeigen scheint. Damit gelingt es Ihnen, das unerwünschte Verhalten schon im Vorfeld in ein positives Verhalten umzulenken, das Sie mit einem Leckerchen belohnen können.

Konflikte **positiv lösen**

In unserem hektischen Alltag kann es schnell zu Erziehungsfehlern kommen. Machen Sie sich keine Vorwürfe – sie lösen entstandene Probleme nicht. Reflektieren Sie besser einmal wöchentlich Ihr eigenes Verhalten und versuchen Sie immer, Konflikte so positiv wie möglich zu lösen, denn nur so kann das Vertrauen zwischen Ihnen und Ihren Graupapageien wachsen.

LANGEWEILE PUR! So hat sich der Graue die gemeinsame Zeit nicht vorgestellt. Bald schon wird er versuchen, Aufmerksamkeit zu bekommen, indem er verbotene Dinge annagt. Damit das nicht passiert, sollte man vor dem Lesen ausgiebig mit dem Vogel toben. Bieten Sie dann dem Grauen anschließend eine alternative Beschäftigung an, während Sie lesen, und loben Sie ihn, wenn er friedlich mit seinem Spielzeug spielt. So lernt er, dass ruhiges Spielen durch Aufmerksamkeit von Ihnen bestätigt wird.

FINGER WEG! Dieser Graupapagei ist sehr aufgeregt und zeigt mit seinem gesträubten Gefieder deutlich, dass er nicht angefasst werden möchte. Ziehen Sie sich zurück und warten Sie, bis sich das Tier beruhigt hat. Dann locken Sie es mit einem Leckerchen an einen anderen Ort und loben den Grauen kräftig, wenn er zu Ihnen kommt. Anschließend bringen Sie ihn in seinen Käfig, denn meist sind aggressive Papageien sehr müde. Nach so viel Aufregung tut ein kurzes Nickerchen gut.

NICHT SO LAUT! Schreiende Graue dürfen nicht für das Schreiverhalten mit Aufmerksamkeit bestätigt werden, sondern brauchen sehr viel Beschäftigung. Ein Tagebuch hilft, das Schreimuster zu erkennen. Nun können Sie dem Vogel rechtzeitig eine alternative Beschäftigung anbieten.

Freizeitspaß für Graue

Papageien verbringen im Freiland etwa drei Viertel der Zeit, in der sie wach sind, mit der Suche nach Futter, dem sogenannten »Seeking«. Viele intelligente Tiere bevorzugen es sogar, für ihr Futter zu arbeiten, denn sie empfinden auch eine anstrengende Suche nach Fressbarem, das sogenannte »Foraging«, als sehr befriedigend. Unsere Papageien erhalten dagegen ihr Futter meist im Napf und sind nach wenigen Minuten mit dem Fressen fertig. Das Bedürfnis, nach Futter zu suchen und dafür auch aktiv zu arbeiten, bleibt dann unbefriedigt und kann zu Verhaltensauffälligkeiten führen.

Die **Fünf-Minuten-Aufgabe**

ÜBERRASCHUNGEN Konfrontieren Sie Ihre Graupapageien täglich mit einer Neuigkeit in ihrer Umgebung. So beugen Sie der Angst vor ungewohnten Gegenständen (Neophobie) vor und regen die Intelligenz Ihrer Grauen täglich an. Dies können ganz einfache Dinge, wie etwas in die Gitterstäbe des Käfigs eingeflochtene Wellpappe oder eine in dünne Streifen geschälte und um ein Spielzeug gewickelte Möhre, sein.

ALTES NEU ENTDECKT Auch ein seit Wochen im Schrank liegendes Spielzeug kann die Grauen wieder neugierig machen.

EINFACH UND SCHNELL Wichtig ist, dass die Vorbereitung dieser Spielidee nicht länger als fünf Minuten dauert, denn sonst verlieren Sie selbst schnell den Spaß an dieser Aufgabe und Ihre Grauen sind um eine Abwechslung ärmer.

Spielend Futter suchen

Um Ihren Graupapageien ein zufriedenes und ausgeglichenes Leben zu ermöglichen, sollte der Käfig langfristig wie ein großer Futtersuchspielplatz gestaltet werden. Erstellen Sie einen »Aktivitätenplan«, der die Bedürfnisse des Seekings und des Foragings befriedigt. In diesem Plan notieren Sie, welche Aktivitäten Ihre Grauen besonders schätzen, welche Spielzeugvorlieben hinsichtlich der Textur und Form die Vögel haben, zu welcher Zeit sie besonders aktiv sind und welche Spielzeugalternativen Sie den Vögeln anbieten können. Im hektischen Alltag genügt dann ein kurzer Blick auf den Plan, um schnell einige gute Spielideen auszuwählen, die den Grauen bestimmt gefallen.

› Verstecken Sie zum Beispiel einen Teil des Futters in sogenannten Treatspielzeugen. Der Fachhandel bietet eine reiche Auswahl. Spielzeuge aus Acryl und Metall sind länger verwendbar und lassen sich leicht sauber halten.

› Sie können solches Treatspielzeug aber auch selbst herstellen. Neben kleinen Pappkartons, in denen man einen Teil des Futters versteckt, bieten sich zusammengebundene Papiermuffinförmchen, Pappteller und Pappbecher als Futterverstecke an.

› Befüllen Sie den normalen Futternapf nicht nur mit Futter, sondern auch mit unbehandelten Holzkugeln aus dem Bastelladen. Beginnen Sie zunächst nur mit einer Holzkugel, die Sie auf das Futter legen. Geben Sie nun jeden Tag eine weitere Kugel hinzu, bis der Napf ganz mit Holzkugeln gefüllt ist. Nun muss der Graue erst eine Kugel nach der anderen aus dem Napf räumen, um an sein Futter zu kommen.

Treatspielzeug muss für Anfänger durchsichtig sein, damit die Vögel sehen, dass sich darin besonders leckeres Futter befindet.

Dieser Profi arbeitet schon mit Schubladensystemen und farbigem Spielzeug. Bald wird er anspruchsvolleres Treatspielzeug brauchen!

› Auch eine Spielzeugkiste auf dem Boden kann als Seeking-Möglichkeit dienen. Mit ein oder zwei Leckerchen und verschiedenen Spielzeugen wie Korken, Löffeln, Handspielzeug und kleinen Weidenbällchen gefüllt, befriedigt sie das Bedürfnis der Grauen, zu erforschen und auch zu finden.

Von einfach bis anspruchsvoll

Bieten Sie den Grauen zunächst durchsichtiges Spielzeug an, denn sie müssen das Futter im Spielzeug sehen. Seeking und Foraging sind Lernprozesse, und Ihre Grauen müssen sich an die verschiedenen Schwierigkeitsgrade der einzelnen Spielzeuge erst herantasten. Beginnen Sie daher zunächst mit ganz einfachen Mechanismen und geben Sie erst dann schwierigeres Spielzeug, wenn der Graue das alte auch wirklich beherrscht. Sobald der Graue Routine bei der Futtersuche entwickelt hat, können Sie auch nicht durchsichtiges Treatspielzeug anbieten. Gehen dabei nicht zu schnell vor, sondern steigern Sie langsam, aber kontinuierlich den Schwierigkeitsgrad, denn die Grauen sollen sich immer wieder neu anstrengen müssen. Im Lauf der Zeit werden sich so zahlreiche Spielzeuge ansammeln, die Sie nun immer wieder abwechselnd einsetzen können.

Graupapageien, die tagsüber allein sind, sollten generell in dieser Zeit nicht aus dem Napf gefüttert werden. Bieten Sie ihnen das befüllte Treatspielzeug und die selbstgebastelten Alternativen an, wenn Sie das Haus verlassen. Die Vögel müssen dann in den nächsten Stunden für ihr Futter arbeiten und sind beschäftigt. Holznagespielzeug mit Baumwolle und Lederknoten, bunten Perlen und Stoffanteilen vervollständigt das Spielzeugangebot und lässt Langeweile gar nicht erst aufkommen. Natürlich muss man auch diese Papageien zunächst langsam an die Futtersuche heranführen. Wiegen Sie die Vögel außerdem regelmäßig, um sicherzustellen, dass sie ausreichend fressen und satt werden. Abends kann dann die gemeinsame Mahlzeit genossen werden.

Tricktraining für schlaue Graue

Sobald Sie eine vertrauensvolle Beziehung zu Ihren Graupapageien aufgebaut haben, können Sie mit einigen interessanten gemeinsamen Spielen den Alltag der Vögel bereichern. Auch für Graue, die sehr handscheu sind, gibt es einige schöne Übungen, die nach und nach das Vertrauensverhältnis zwischen den Vögeln und Ihnen festigen und intensivieren. Bei allen Übungen sollten Sie folgende Grundregeln beachten:

»High Five« ist Gymnastik und Vergnügen und erlaubt außerdem die Kontrolle der Sohlen.

› Trainieren Sie vor den Mahlzeiten in einem ruhigen Raum. So ist gewährleistet, dass der Graue motiviert ist und mitarbeitet. Vögel, die gerade gegessen haben, möchten in Ruhe verdauen.

› Die Trainingseinheiten sollten zu Beginn immer nur sehr kurz sein, damit der Vogel langsam in die Trainingssituation hineinwächst. Vermeiden Sie alle Störungen, die die Konzentration unterbrechen.

› Halten Sie die Leckerchen so bereit, dass Sie sie rasch zur Hand haben. Je kleiner die Leckerchen sind, desto häufiger können Sie bestätigen und desto kürzer ist die Zeit, während der der Papagei frisst. Denn je länger er mit dem Fressen des Leckerchens beschäftigt ist, desto mehr lässt seine Konzentration nach und desto schneller ist er satt.

› Überzeugen Sie sich bei Trainingsbeginn, ob der Vogel Interesse an der Mitarbeit zeigt (→ Seite 40).

› Schließen Sie Trainingseinheiten immer positiv ab und beenden Sie das Training dann, wenn der Graue hochengagiert mitarbeitet. So erinnert sich das Tier an eine Situation, die ihm Spaß gemacht hat. Üben Sie zu lang, wird der Graue negative Erinnerungen haben und beim nächsten Mal vielleicht keine Lust haben mitzumachen. Als Abschluss reichen einfache Übungen wie ein leichtes Step-up.

Übungen auf dem U-Stand

Gut geeignet für das erste Training ist ein U-Stand, den man auf den Tisch stellen kann. Setzen Sie den handzahmen Grauen direkt auf den U-Stand und loben Sie ihn kräftig dafür, dass er so prima mitarbeitet. Handscheue Graue können mit einem Stock auf den U-Stand transportiert werden. Sehr ängstliche Graue dürfen bei einer ausreichend großen Tür auch im Käfig trainieren. Dazu sollte ein Ast im Käfig so montiert sein, dass der Vogel direkt vor der geöffneten Tür sitzt. So kann der Halter dem Grauen leicht ein Leckerchen geben und ihn bestätigen.

› »Turn around« ist eine gute Übung für den Anfang. Dabei lernt der Graue, sich auf Ihr Kommando um seine eigene Achse zu drehen (→ Abb. 1–4).

› Für Fortgeschrittenere eignet sich »High Five«. Halten Sie Ihrem Grauen die Hand so hin, dass er versucht daraufzusteigen. Sobald er den Fuß hebt, tippen Sie die Fußsohle an und geben das Kommando. Dann ziehen Sie die Hand wieder zurück, loben den Vogel und geben ihm ein Leckerchen. Die Übung macht nicht nur Spaß, sondern gibt Ihnen die Möglichkeit zu kontrollieren, ob die Fußsohlen Ihrer Graupapageien gesund sind.

› Wenn Ihr Grauer auf dem U-Stand sitzt und von selbst die Flügel hebt, geben Sie rasch das Kommando »Adler«. Wieder folgen Bestätigung und Leckerchen. Mit der Zeit wird der Graue das Kommando mit dem Flügelstrecken verbinden, und Sie können ihn dazu auffordern.

Übungen auf dem Tisch

Die Lerneinheiten auf dem U-Stand werden Ihre Grauen bald mit Bravour meistern. Regelmäßige Trainingseinheiten gehören nun schon zum Alltag, und es wird langsam Zeit, sich schwierigeren Aufgaben zu widmen. Sobald ein Graupapagei die Übungen auf dem U-Stand gut beherrscht, können Sie mit Übungen auf dem Tisch weiterarbeiten. Dazu sollte der Tisch frei von Gegenständen sein, die den Grauen ablenken könnten. Auch Tischdecken

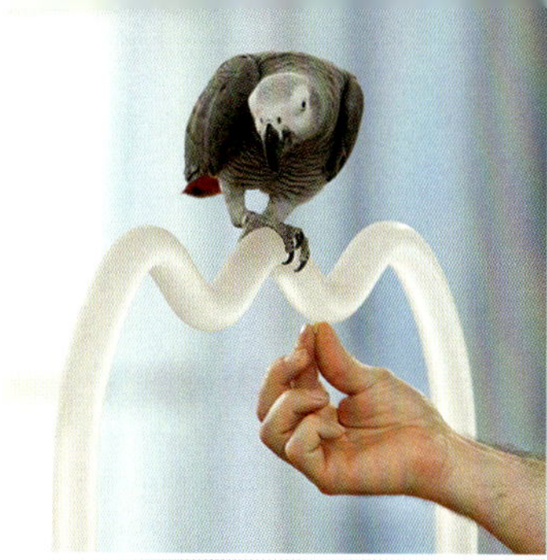

1 »Turn around«: Der Graue sitzt auf der Übungsstange. Zeigen Sie ihm sein Lieblingsleckerchen und beobachten Sie, ob er an ihm interessiert ist.

2 Bewegen Sie das Leckerchen unterhalb der Sitzstange nach hinten, sodass sich der Graue um seine eigene Achse drehen muss, um das Leckerchen zu sehen.

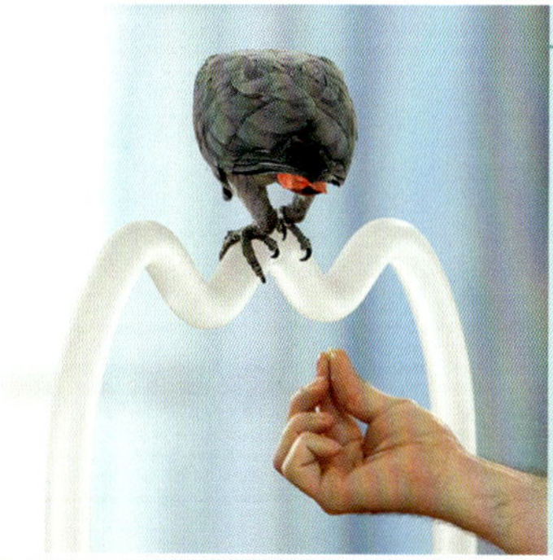

3 Bewegen Sie das Leckerchen auf der anderen Seite nach vorn, sodass der Vogel eine Drehung machen muss. Wichtig: Er soll sich nicht zurückdrehen!

4 Sitzt der Graue wieder aufrecht, bekommt er das Leckerchen. Mit der Zeit wird die Bewegung der Hand immer kleiner, bis das verbale Kommando reicht.

und Sets müssen entfernt werden, denn dort kann der Vogel mit den Krallen hängen bleiben.

Retrieve Grundübung für alle weiteren Tricks, die die Grauen lernen sollen, ist das Retrieve: Der Vogel soll auf Kommando einen Gegenstand zu Ihnen bringen. Beherrscht der Graue diese Grundübung nicht, wird es immer wieder zu Problemen bei weiteren Übungen kommen, und Halter und Vogel sind bald frustriert.

› Legen Sie Ihre linke Hand (wenn Sie Linkshänder sind, die rechte Hand) mit der Handfläche nach oben flach auf den Tisch. Neben die Hand legen Sie den Deckel einer PET-Flasche und daneben ein Leckerchen für den Grauen. Versehen Sie den Flaschendeckel mit einem Loch, damit ihn der Graue leichter mit seinem Schnabel greifen kann. Nun soll der Graue als Erstes lernen, dass die Leckerchen immer neben dem Flaschendeckel und der ausgestreckten Hand liegen.

› Sobald der Graue dies begriffen hat, legen Sie das Leckerchen unter den PET-Deckel. Ihre ausgestreckte Hand bleibt an ihrem Platz. Schnell hat der Graue begriffen, dass er nur den Deckel anheben muss, um an sein Leckerchen zu kommen. Lassen Sie diese Lernerfahrung eine Nacht lang ruhen.

› Am nächsten Tag machen Sie diese Übung erneut, aber dieses Mal liegt das Leckerchen nicht unter dem PET-Flaschendeckel, sondern Sie halten es in Ihrer rechten Hand (Linkshänder in der linken Hand). Der Graue wird den Deckel anheben, weil er darunter sein Leckerchen vermutet. In dem Moment muss Ihre linke Hand unter den Deckel wandern, und die rechte Hand zeigt dem Grauen das Leckerchen. Der Graue wird den Deckel in Ihre Hand fallen lassen und von Ihnen mit einem Leckerchen belohnt. Dieser Lernschritt ist nicht ganz einfach, und manche Graue benötigen einige Zeit, bis sie begriffen haben, was sie tun sollen. Sobald der Graupa-

1 ERFOLG Bekanntes Spielzeug sorgt zu Beginn des Trainings am Tisch für ein schnelles Erfolgserlebnis und steigert die Konzentration der Grauen.

2 RETRIEVE Sobald der Graue das Bringen eines Gegenstands erlernt hat, können Sie sich an schwierigere Aufgaben wie das Ordnen von Ringen nach Farben wagen.

3 BASKETBALL Das macht Mensch und Vogel Freude: Legen Sie den Ball möglichst weit weg, damit der Graue fliegen muss, um den Ball zu holen.

pagei die Übung beherrscht, können Sie den Abstand zwischen dem Flaschendeckel und Ihrer Hand erhöhen, sodass der Graue längere Wege zurücklegen muss.

› Geben Sie mehr Flaschendeckel hinzu, die er alle in Ihre Hand legen muss, und machen Sie die Wege so lang, dass der Graue fliegen muss.

Ringspiel Wechseln Sie nun vom Deckel- zu einem Ringspiel. Es besteht aus einem Stößel und mehreren Ringen. Verfahren Sie mit dem Ring zunächst wie oben beschrieben. Legen Sie aber Ihre geöffnete Hand über den Stößel des Ringspiels und lassen Sie den Ring, den Ihnen Ihr Grauer in die Hand legt, langsam nach unten auf den Stößel gleiten. Sobald der Ring auf den Sockel fällt und das Geräusch zu hören ist, bestätigen Sie den Grauen. Halten Sie nun die Hand immer tiefer, damit der Graue erkennt, dass er den Ring auf den Stößel legen soll. Schließlich lassen Sie es den Grauen allein versuchen.

Puzzle Auch Puzzeln ist für kluge Graue kein größeres Problem, denn sie können Farben und Formen unterscheiden. Voraussetzung ist, dass sie das Retrieve-Spiel gelernt haben.

› Wählen Sie ein Papageien-Puzzle mit einfachen Formen (Kreis, Dreieck, Quadrat, Raute) und legen Sie zunächst bis auf den Kreis alle Puzzleteile beiseite. Bedecken Sie mit etwas Frischhaltefolie alle Puzzleöffnungen bis auf die Kreisöffnung.

› Legen Sie nun Ihre Hand auf die Kreisöffnung des Puzzles und lassen Sie sich von dem Grauen das Kreispuzzleteil in die Hand legen. Wenn Sie es langsam in die Puzzleöffnung gleiten lassen, wird es ein Klackgeräusch geben. Diesen Moment müssen Sie mit einem Leckerchen bestätigen, damit der Graue lernt, dass dies das Lernziel ist.

› Entfernen Sie nun langsam Ihre Hand, bis der Graue das Kreispuzzleteil allein einfügt.

› Nun wechseln Sie zum Quadrat und verfahren Sie wie beschrieben. Wenn der Graue auch das Quadrat beherrscht, bieten Sie beide Puzzleteile gemeinsam an.

› Wechseln Sie immer wieder die Position der Puzzleteile, damit sich der Graue nicht die Anordnung der Teile, sondern deren Form merkt.

Spaß muss sein: Nach dem anstrengenden Training darf nach Herzenslust gespielt und getobt werden – ganz wie es dem Grauen gefällt.

› Für das dritte Puzzleteil entfernen Sie zunächst die beiden anderen und arbeiten Sie dann wieder Schritt für Schritt wie zuvor beschrieben.

Besondere Situationen

Die schönsten Wochen im Jahr sind für viele Papageienhalter eine Belastung, denn sie müssen sich entscheiden, ob sie ihre Vögel mit in den Urlaub nehmen oder ob diese daheim bleiben sollen.

› Papageien, die ihre Halter regelmäßig zu Besuchen bei Freunden begleiten und daher Autofahrten gewohnt sind, profitieren von einem gemeinsamen Urlaub. Ein geeigneter, vielleicht etwas kleinerer Reisekäfig lässt sich schnell zusammenlegen und unter das Gepäck ins Auto schieben. Die Reise selbst verbringen die Grauen in einzelnen Transportboxen, denn wenn ein Tier eventuell unruhig wird, kann es in einer gemeinsam genutzten Transportbox zu Auseinandersetzungen unter den Vögeln kommen. Futter und Wasser müssen die ganze Fahrt über zur Verfügung stehen.

› Wenn die Papageien daheim in ihrer gewohnten Umgebung bleiben, muss zweimal täglich ein Tiersitter nach den Vögeln sehen. Ein kleines Tagebuch, in dem Sie die Telefonnummern des Tierarztes, Ihre Handynummer und die Telefonnummer eines Ansprechpartners vor Ort notieren sowie die Fütterung, die Vorlieben und Besonderheiten der Graupapageien aufschreiben, hilft dem Tiersitter, die Grauen zuverlässig zu versorgen. Lassen Sie sich von professionellen Tiersittern die Referenzen zeigen und machen Sie vor dem Urlaub einen Termin, damit Sie beobachten können, ob die Grauen auch gut mit dem Tiersitter auskommen.

Wichtig Einzeln gehaltene Graue dürfen keinesfalls den ganzen Tag über allein gelassen werden, sondern gehen entweder mit in den Urlaub, ziehen zu Freunden oder Verwandten oder werden in einer Urlaubsanlage für Papageien betreut.

› Eine Urlaubspension für Papageien ist eine gute Alternative zur Pflege daheim. Wenn Ihre Papageien in die Urlaubsbetreuung gehen, müssen sie ein aktuelles Gesundheitszeugnis haben. Das Management der Tierpension sollte Sie unaufgefordert

Gemeinsam alt zu werden hat positive Seiten: Routine und Gelassenheit bestimmen jetzt den Alltag.

nach diesem Gesundheitszeugnis fragen. Lassen Sie sich im Zweifelsfall von allen Papageien, mit denen Ihre Grauen Kontakt haben werden, das Gesundheitszeugnis zeigen. Schließlich bringen Sie gesunde Graue in die Betreuung und möchten sie auch genauso gesund wieder mit heimnehmen.

Wieder vereint Nach dem Urlaub ist die Wiedersehensfreude groß. Lassen Sie den Grauen trotzdem ein wenig Zeit, um sich wieder an Ihre Anwesenheit zu gewöhnen. Schnell kann es aufgrund der aufgeregten Stimmung zu Überreaktionen kommen, und sowohl Sie als auch der beteiligte Graue sind dann verwirrt. Erst wenn Sie mental wieder daheim angekommen sind und sich Zeit für die Vögel nehmen können, lassen Sie die Grauen aus ihrer Voliere und genießen Sie die Wiedersehensfreude.

Wohin im Urlaub? Ein gutes Papageienhotel oder ein Tiersitter bieten professionelle Hilfe für die schönsten Wochen des Jahres.

Wenn Graupapageien alt werden

Routine beherrscht den Alltag, man geht die Tage langsamer an und kennt einander sehr gut: Die Graupapageien und wir werden zusammen alt. Im Gegensatz zu uns Menschen sieht man den meisten Grauen ihr Alter kaum an. Sie sind gelassen, wissen ihre Umgebung gut einzuschätzen und können uns meisterhaft manipulieren. Ein bestimmter Laut reicht aus, um den Halter zu rufen, die Nickerchen genießt man gemeinsam auf dem Sofa, und beim täglichen Spiel testen beide Seiten aus, wer der Schlauere ist. Eins ist sicher: Graupapageien-Halter bleiben geistig fit, denn sie müssen ihren Vögeln immer einen Schritt voraus sein!

Doch es gibt auch Schattenseiten: Langsam machen sich Alterserscheinungen bemerkbar. Viele Graue leiden unter Augenkrankheiten und sehen schlecht. Kontrollieren Sie daher häufiger, ob der Graue auf beiden Augen ausreichend gut sieht. Plötzliche Bruchlandungen, Fehlgreifen mit dem Fuß und zeitverzögerte Reaktionen auf Bewegungen sind Hinweise auf Augenerkrankungen. Suchen Sie spätestens dann einen Fachtierarzt für Augenkrankheiten (Ophthalmologen) von Vögeln auf und lassen Sie den Vogel untersuchen. Auch blinde Graue können noch ein erfülltes Leben führen, wenn Sie ihnen durch spezielle Übungen im Rahmen eines Clickertrainings die Orientierung im Raum ermöglichen. Auch Arthrose in den Füßen macht vielen Graupapagei-Senioren das Leben schwer. Neben einer leichten Schmerzmedikation sollten Sie dem Vogel nun Möglichkeiten anbieten, sich ab und zu auch einmal hinzulegen. Sitzbretter aus dem Nagersortiment leisten hier gute Dienste. Bieten Sie außerdem Sitzäste mit unterschiedlichen Durchmessern, von sehr dünn bis ganz dick, an. So kann sich der erkrankte Vogel aussuchen, welche Stelle des schmerzenden Fußes er belasten möchte.

Wenn Graupapageien Sorgen machen

Die hohe Intelligenz und große Sensibilität machen das Beutetier Graupapagei zu einem empfindlichen Pflegling in der Heimvogelhaltung. Nicht selten liest man von rupfenden, beißenden oder schreienden Grauen und deren überforderten Haltern. Graupapageien zeigen sehr schnell, wenn sie sich unwohl fühlen. Gewöhnen Sie sich daher an, von Anfang an ein Tagebuch zu führen, in das Sie jeden Tag mit ein paar kurzen Notizen Besonderheiten eintragen. So können Sie selbst schnell feststellen, wenn sich das Verhalten der Grauen einmal verändert. Machen Sie mit einer Digitalkamera einmal monatlich ein Bild von Ihren Grauen und legen Sie ein Fotoalbum oder ein Verzeichnis im Computer mit diesen Bildern an. Bei Durchsicht der Bilder können Sie rasch erkennen, ob das Gefieder der Grauen sich normal entwickelt oder ob es zu Störungen wie zum Beispiel der Ausbildung von Fehlfarben der Federn oder unter Umständen zu beginnendem Rupfverhalten gekommen ist.

Neben den drei häufigsten Verhaltensauffälligkeiten Beißen, Schreien und Rupfen können auch Phobien vor neuen Gegenständen oder Personen und das sogenannte Cage-Bonding, also die Angst, den Käfig zu verlassen, auftreten.

› Falls Sie solches ungewöhnliches Verhalten bemerken, sollten Sie den Graupapagei zu einem Facharzt für Ziervögel bringen und ihn gründlich untersuchen lassen. Beispielsweise können Schmerzen und Juckreiz die Auslöser für ein verändertes und auffälliges Verhalten sein: Der Graue beißt, wenn man den Kontakt sucht oder fängt an zu schreien. Lassen Sie dem Vogel Blut abnehmen, um zu überprüfen, ob eine Entzündung im Körper vorliegt, die von außen nicht sichtbar ist.

› Rupfende Papageien benötigen eine umfangreichere Diagnostik, die immer eine endoskopische Untersuchung und eine Untersuchung der betroffenen Hautstellen mittels Biopsie einschließt. Wenden Sie sich an einen Fachtierarzt, der sich auf die Behandlung solcher Fälle spezialisiert hat und regelmäßig Papageien endoskopiert.

› Parallel zu der tierärztlichen Diagnostik müssen Sie Ihre Haltung überprüfen. Stimmen Luftfeuchte, Beleuchtung und die Käfigstellung im Raum? Wie

1 Phobien oder starke Ängste vor Gegenständen treten vor allem dann auf, wenn es zu wenig Abwechslung gibt. Alles Neue löst dann Überreaktionen aus.

2 Dieser Graue hat sich aufgegeben. Er will keinen Kontakt, und wird vielleicht sogar beißen. Hier ist schnelle professionelle Hilfe nötig.

haben Sie in den letzten Wochen gefüttert? Gab es Veränderungen in der Familie, die den sensiblen Grauen gestört haben? Hat sich das Verhalten vielleicht verändert, weil der Vogel in der Balz ist? Versuchen Sie gezielt, die Welt mit den Augen Ihres verhaltensauffälligen Grauen zu sehen, und gehen Sie in den nächsten Wochen besonders intensiv auf die Körpersprache Ihres unglücklichen Pfleglings ein.

Professionelle Hilfe suchen

Verhaltensauffälligkeiten sind nicht das Ende der Papageienhaltung. Sie zeigen Ihnen vielmehr, dass sich ein Tier unwohl fühlt und dass es Hilfe von außen benötigt, um wieder einen entspannten und ausgeglichenen Alltag zu erleben. Am besten suchen Sie sich die Hilfe eines ausgebildeten Verhaltensberaters. Mit ihm entwickeln Sie eine Strategie, um dem Grauen zu helfen. Auch wenn ein Papagei bereits seit Jahren rupft, kann dessen Lebensqualität durch eine Therapie gesteigert werden. Beißende Papageien können durch intensives Training lernen, dass sie mit ihrer Körpersprache Einfluss auf das Verhalten des Halters nehmen können und dass es nicht notwendig ist zu beißen. Schreiende Graue lernen durch das veränderte Verhaltensmuster des Halters bald, dass Stille belohnt wird.
Viele Graue werden aus Verzweiflung, weil der Halter das Problem nicht lösen kann, abgegeben. Beugen Sie dieser Situation vor, indem Sie Kontakt zu anderen Papageienhaltern suchen, mit denen Sie sich austauschen können. Ein guter Fachtierarzt und ein begleitender Verhaltensberater helfen Ihnen, schon in der Entstehungsphase eines Problems rasch einzugreifen. Graupapageien können über 50 Jahre alt werden. Diese Zeit wollen Sie gemeinsam mit Ihren Grauen verbringen, auch wenn es einmal zu Schwierigkeiten kommen mag.

Geht es Ihren **Grauen gut?**

TIPPS VON DER GRAUPAPAGEIEN-EXPERTIN
Hildegard Niemann

NORMALES VERHALTEN ERKENNEN Informieren Sie sich schon vor dem Kauf über die Körpersprache der Grauen. So vermeiden Sie später Missverständnisse im Alltag mit den Afrikanern.

VERHALTENSAUFFÄLLIGKEITEN ERKENNEN Beobachten Sie täglich, ob Ihre Grauen gestresst wirken. Putzverhalten, Lautäußerungen und Spielverhalten sollten entspannt und friedlich sein, die Körpersprache normal entwickelt.

TAGEBUCH Notieren Sie sich Besonderheiten im Verhalten und vergleichen Sie diese mit den Angaben vor einigen Wochen und Monaten. Beachten Sie, dass das Verhalten der Vögel in der Balzzeit verändert ist.

RICHTIG REAGIEREN Bewahren Sie Ruhe, wenn Sie Probleme feststellen. Ihre Grauen übernehmen Ihre Stimmung und werden unruhig. Suchen Sie gezielt nach kompetenter Hilfe.

THERAPIE Ihr verhaltensauffälliger Grauer wird nur dann gesunden, wenn Sie Ihr Verhalten und die Umgebung Ihres Graupapageis so verändern, dass sich das Tier wohlfühlt.

Die **halbfett** gesetzten Seitenzahlen verweisen auf Abbildungen, U = Umschlag, UK = Umschlagklappe.

Die Inhalte dieses Buches beziehen sich auf die Bestimmungen des deutschen Tier- bzw. Artenschutzes. In anderen Ländern können die Angaben abweichend sein. Erkundigen Sie sich daher im Zweifelsfall bei Ihrem Zoofachhändler oder bei der entsprechenden Behörde.

Adressen

Verbände/Vereine

› Vereinigung für Artenschutz, Vogelhaltung und Vogelzucht e. V. (AZ), Postfach 1168, 71501 Backnang (nur schriftliche Anfragen), www.azvogelzucht.de

› Vereinigung für Zucht und Erhalt einheimischer und fremdländischer Vögel e. V. (VZE), H. J. Wöhrmann (2. Vorsitzender), Geschäftsstelle: Bornaische Str. 210, 04279 Leipzig, www.vze-online.net

Internet-Adressen

› **www.papageien-training.de** (Homepage der Autorin)

› **www.papageien.de**

› **www.papageienfreunde.com** (Infos u. a. zur Haltung, Gesundheit und zu gesetzlichen Bestimmungen von Papageien)

› **www.papageienfonds.de** (Infos über die Bedrohung der Papageien im Freiland)

› **www.parrotenrichment.com/home.html** (englischsprachige Seite mit Spielzeugtipps und Videos)

Informationen über giftige Pflanzen finden Sie unter:

› **www.giftpflanzen.ch**

› **www.botanikus.de**

Fragen zur Haltung

beantworten Ihr Zoofachhändler und der Zentralverband Zoologischer Fachbetriebe Deutschlands e. V. (ZZF), Tel.: 0611/44755332 (nur telefonische Auskunft möglich: Mo 12–16 Uhr, Do 8–12 Uhr), www.zzf.de

Der ZZF hat einen bundesweiten Suchdienst für entflogene Vögel eingerichtet. Alle beringten Vögel können aufgrund der Fußringe identifiziert und ihrem Besitzer zugeordnet werden.

Wichtiger **Hinweis**

› **Bemerken Sie an Ihrem Graupapagei Krankheitsanzeichen, sollten Sie ihn sofort zu einem Tierarzt bringen.**

› **Einige Krankheiten der Graupapageien sind auch auf den Menschen übertragbar (Zoonose). Weisen Sie Ihren Arzt auf Ihre Vogelhaltung hin. Das gilt vor allem, wenn bei Ihnen grippeähnliche Infekte auftreten.**

› **Manche Menschen reagieren mit Allergien oder Asthma auf Federn und Federstaub. Sind Sie unsicher, fragen Sie vor dem Kauf eines Graupapageis Ihren Arzt.**

Literatur

› Reinschmidt, M./Lambert, K.-H.: Papageien der Welt. Ulmer Verlag, Stuttgart

› Schnabl, H.: Vogelfutterpflanzen. Arndt-Verlag, Bretten

Zeitschriften

› WP-Magazin, Europas größte Zeitschrift für Vogelhalter. Arndt-Verlag, Bretten

› Papageien. Fachzeitschrift für die Haltung, Zucht und das Freileben der Sittiche und Papageien. Arndt-Verlag, Bretten

› AZ-Nachrichten. Zeitschrift für Mitglieder der AZ (→ Adressen). Verlag M. & H. Schaper, Hannover

› Gefiederte Welt. Verlag Eugen Ulmer, Stuttgart

› Der Vogelfreund. Fachzeitschrift des Deutschen Kanarien- und Vogelzüchter-Bunds (DKB). Hanke Verlag GmbH, Künzelsau

Dank

Verlag und Autorin danken Karl-Heinz Lambert für die Freilandaufnahmen.
Für die Unterstützung bei der Fotoproduktion bedanken wir uns bei folgenden Personen: Maria Garcia und Diego Pineda sowie Sophie und Napoleon, dem Papageienpark Bochum (www.papageienpark-bochum.de) und dem Papageienparadies Wagner (www.parrotshop.de).
Darüber hinaus danken wir Heike Mundt, Paula Poettgen, Naomi Niemann und Jochen Weindorf für ihre bereitwillige Mithilfe während des Fotoshootings in Bochum.

Freude am Tier

Die neuen Tierratgeber – da steckt mehr drin

ISBN 978-3-8338-1714-4
64 Seiten

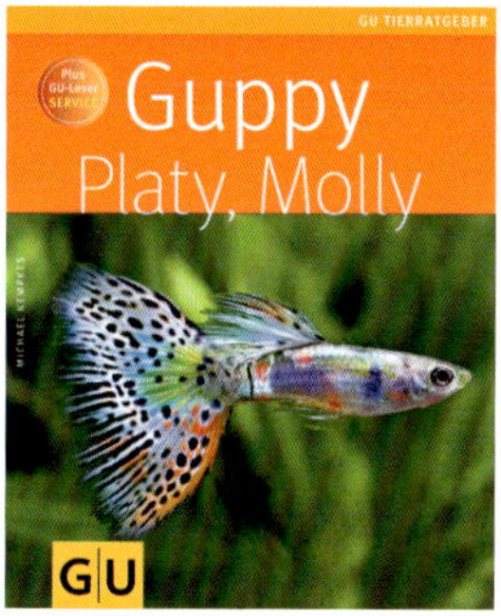

ISBN 978-3-8338-1711-3
64 Seiten

ISBN 978-3-8338-1198-2
64 Seiten

ISBN 978-3-8338-1195-1
64 Seiten

ISBN 978-3-8338-2150-9
64 Seiten

ISBN 978-3-8338-0593-6
64 Seiten

Das macht sie so besonders:

Praxiswissen kompakt – vermittelt von GU-Tierexperten

Praktische Klappen – alle Infos auf einen Blick

Die 10 GU-Erfolgstipps – so fühlt sich Ihr Tier wohl

G|U

Willkommen im Leben.

Unsere Garantie

Alle Informationen in diesem Ratgeber sind sorgfältig und gewissenhaft geprüft. Sollte dennoch einmal ein Fehler enthalten sein, schicken Sie uns das Buch mit dem entsprechenden Hinweis an unseren Leserservice zurück. Wir tauschen Ihnen den GU-Ratgeber gegen einen anderen zum gleichen oder ähnlichen Thema um.

Liebe Leserin und lieber Leser,

wir freuen uns, dass Sie sich für ein GU-Buch entschieden haben. Mit Ihrem Kauf setzen Sie auf die Qualität, Kompetenz und Aktualität unserer Ratgeber. Dafür sagen wir Danke! Wir wollen als führender Ratgeberverlag noch besser werden. Daher ist uns Ihre Meinung wichtig. Bitte senden Sie uns Ihre Anregungen, Ihre Kritik oder Ihr Lob zu unseren Büchern. Haben Sie Fragen oder benötigen Sie weiteren Rat zum Thema? Wir freuen uns auf Ihre Nachricht!

Wir sind für Sie da!
Montag – Donnerstag: 8.00 – 18.00 Uhr;
Freitag: 8.00 – 16.00 Uhr
Tel.: 0180 - 5 00 50 54*
Fax: 0180 - 5 01 20 54*
*(0,14 €/Min. aus dem dt. Festnetz/Mobilfunkpreise maximal 0,42 €/Min.)
E-Mail:
leserservice@graefe-und-unzer.de

P.S.: Wollen Sie noch mehr Aktuelles von GU wissen, dann abonnieren Sie doch unseren kostenlosen GU-Online-Newsletter und/oder unsere kostenlosen Kundenmagazine.

GRÄFE UND UNZER VERLAG
Leserservice
Postfach 86 03 13
81630 München

Projektleitung: Cornelia Nunn
Lektorat: Barbara Kiesewetter
Korrektorat: Jutta Weikmann
Bildredaktion: Silke Bodenberger, Petra Ender (Cover)
Umschlaggestaltung und Layout: independent Medien-Design, Horst Moser, München
Herstellung: Claudia Labahn
Satz: Uhl + Massopust, Aalen
Reproduktion: Longo AG, Bozen
Druck: Firmengruppe APPL, aprinta druck, Wemding
Bindung: Firmengruppe APPL, sellier druck, Freising

Printed in Germany

ISBN 978-3-8338-2149-3

1. Auflage 2011

GRÄFE UND UNZER

Ein Unternehmen der
GANSKE VERLAGSGRUPPE

Die Autorin

Hildegard Niemann ist Diplom-Biologin und freiberuflich tätig als »Parrot Behaviour Consultant«. Sie berät Graupapageien-Halter sowie Halter anderer Papageien zum Thema Verhalten, Haltung und Ernährung. Für das WP-Magazin arbeitet sie als Autorin und veröffentlicht zahlreiche Artikel.

Der Fotograf

Oliver Giel hat sich auf Natur- und Tierfotografie spezialisiert und betreut mit seiner Lebensgefährtin Eva Scherer Bildproduktionen für Bücher, Zeitschriften, Kalender und Werbung. Mehr über sein Fotostudio finden Sie unter www.tierfotograf.com.
Alle Fotos in diesem Buch stammen von Oliver Giel mit Ausnahme von: **Alamy:** U1; **Karl-Heinz Lambert:** 6, 7.

Syndication:
www.jalag-syndication.de

IAN BOWRING

The Exploding Egg

With thanks to
GREG LAIDLER
for some of the ideas

Illustrations:
KIM GAMBLE

HarperCollins*Publishers*

EUREKA!

Over 2000 years ago a scientist named Archimedes ran naked and dripping through the streets of Syracuse shouting 'Eureka', which means 'I've found it'. What had led to this amazing sight?

Archimedes had made a scientific discovery in his bath. He had filled it full of water and got in, and the

water had sloshed over the top and run all over the floor. So what, big deal, do it all the time, you say. But Archimedes was a scientist, and rather than just grumbling about having to mop up the mess, he noticed something. He realised that the volume of water *displaced* by him was equal to the volume of his body.

This is easy to see. Get one of your parents to cut you a block of wood 5 cm × 5 cm × 5cm. Its volume is 125 cubic cm. Fill a jar with water right to the top, put it in a larger container and gently force the block so it is just under the water level. Measure the volume of the water displaced into the larger container and you'll find that its volume is 125 cubic cm.

Archimedes used his discovery in a practical way to help the King of Syracuse. The king suspected the goldsmith who'd made his gold crown had cheated him by adding silver to the gold. Archimedes took pieces of pure silver and pure gold that were both the same weight as the crown. Silver is lighter than gold so the piece of silver was bigger than the piece of gold. Archimedes measured the volumes of the crown and the pieces of silver and gold by measuring the amounts of water they each displaced. He found that the volume of the crown was greater than the volume of the pure gold piece and less than the pure silver piece. This meant that the crown was a mixture of gold and silver. The goldsmith had cheated the king for the last time!

Like Archimedes, you can do lots of experiments at home and learn some real science at the same time.

Blowing up an egg will

show you something about air pressure, making a simple colour wheel will reveal something about the properties of light, and with just a cake tin, a jumper, a plastic bag and two rubber bands, you can learn something about electricity.

All the chemicals used in this book are ordinary household ones or are easy to obtain. Other items used are also often found at home or, if not, are not hard to get. None of the activities are dangerous, though where hot water or sharp tools are required, ask an adult for help.

So, go forth and experiment! One day you too may be spotted running down the street shouting 'Eureka!'

Electric children

How well do you know your friends? Do they have powers beyond your imaginings? Let's find out.

You will need:

a cooperative friend wearing a woollen jumper
a wooden plank big enough to stand on, say 30 cm × 20 cm
4 dry blocks of soap or paraffin
a large plastic bag or raincoat
a small fluorescent light tube
a dark room

THE EXPERIMENT

Must be done in a dark room.

1
Stand the wooden board on the 4 cakes of soap or paraffin.

2
Get your friend, wearing the jumper, to stand on the board.

3
Rub your friend's back very briskly with the plastic bag or raincoat.

4
Give the fluorescent light tube to your friend to hold at one end, while you hold the other end.

What produces the light show?

By rubbing your friend's back, you create an electric charge. This charge travels through your friend's body, through his or her fingertips and into the fluorescent tube, causing it to light up.

The exploding egg

If eating boiled eggs isn't your favourite pastime, here's a startling way of disposing of them. And it's all in the name of science.

You will need:

a raw egg
a small saucepan
a glass bottle with a narrow neck (a milk bottle is okay)
a strip of paper approx. 2 cm × 10 cm
matches

THE EXPERIMENT

It would be a good idea to get an adult to help you with this experiment as you will need to use a stove and matches.

1
Boil the egg for ten minutes.

2
Let it cool then peel off the shell.

3
Twist the strip of paper.

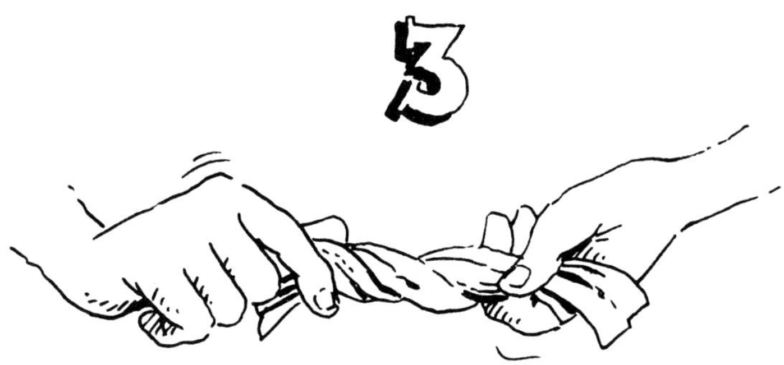

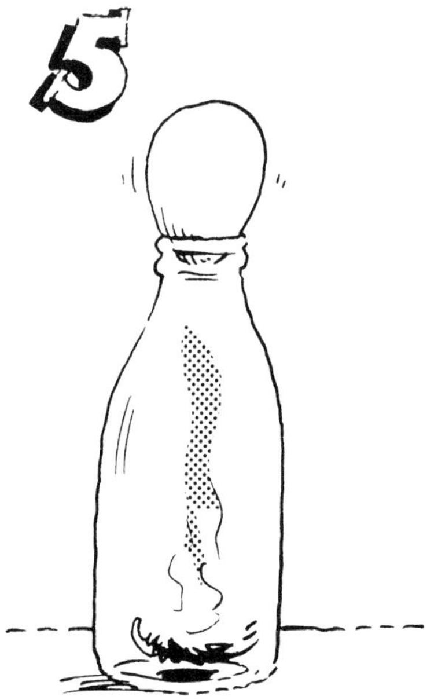

4
Light the paper and drop it into the bottle.

5
Rest the egg on the top of the bottle, pointy end down.

6
Wait for the explosion. Clean up the mess!

What causes the egg to explode?

The burning paper heats the air in the bottle. This causes the air to expand and some of it escapes through the top of the bottle. As the air inside the bottle cools it contracts, leaving less air inside than before. The air pressure outside the bottle is now greater than that inside the bottle and the outside air tries to get in to balance the pressures. This forces the egg downwards, causing it to explode.

Pie pan generator

1

Get together with some of your friends and watch the sparks fly! The pie pan generator will give you a charge—positive and negative.

You will need:

a lightweight aluminium pie or cake pan
2 rubber bands
a plastic bag
a wool cloth

Note: This experiment works best on a dry, windy day.

THE EXPERIMENT

1
Stretch the two rubber bands across the pie pan at right angles to each other.

2

2
Lay the plastic bag on a table. Rub the bag briskly with the wool cloth then hold it up by one edge.

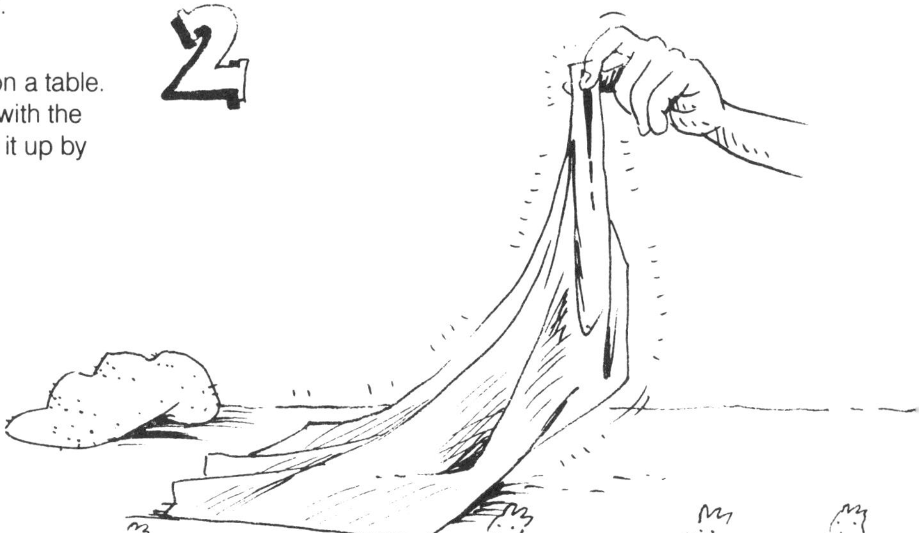

3
Lift the pan up by the rubber bands, keeping your fingers away from the metal, and hold it against the plastic bag.

4
Put the plastic bag down and touch the pan briefly with one of your fingers. What do you feel?

5
Now touch the pan to your ear. What do you hear? Do not let the pan get near your eyes, since sparks can damage them.

How does the generator work?

When you rub the bag with wool, the plastic receives a negative electric charge. Then, when you hold the pan near the bag and touch the metal, this negative charge on the plastic causes negative electricity in the metal to jump from the pan to your finger. This makes a spark. The pan is left with positive electricity. When you touch the pan to your ear, negative electricity jumps from you back to the metal, making a second spark.

Liquid lightness

When an oil tanker or an offshore oil well has a spill, the oil doesn't sink or mix with the water—it floats on the top. This happens because the oil is lighter than the water. This experiment shows that liquids have different weights.

You will need:

a tall, clear container with a lid (like a glass jar)

equal measures of water, glycerine (available from pharmacies) and cooking oil

a plastic Lego block (or something similar)

THE EXPERIMENT

1
Pour the glycerine, water and oil *gently* into the container.

2
Put lid on and tighten it.

3
Turn container upside down. What do you see?

What has caused the different levels?

The same amount of different liquids will have a different weight. The lighter liquid will float on top of the heavier liquid.

Turn the bottle around and take off the lid. When the liquids have settled down, drop the Lego block into the liquid. What happens? Whether or not something floats in a liquid depends on its weight compared with the weight of the liquid. Heavier liquids can support objects that lighter liquids may not be able to.

Make your own hovercraft

Do you think it's possible to float on thin air? Here's the way to find out.

You will need:

a small, sturdy table (not one that your parents cherish), approximately 1 m × ½ m
20 balloons
a smooth floor
a piece of chalk
a friend

THE EXPERIMENT

1
Blow up the balloons, making sure they are all about the same size—about 12 cm in diameter.

2
Turn the table upside down on the floor. With the chalk trace an outline of the tabletop on the floor.

3
Place about half the balloons inside the marked area, spacing them evenly apart.

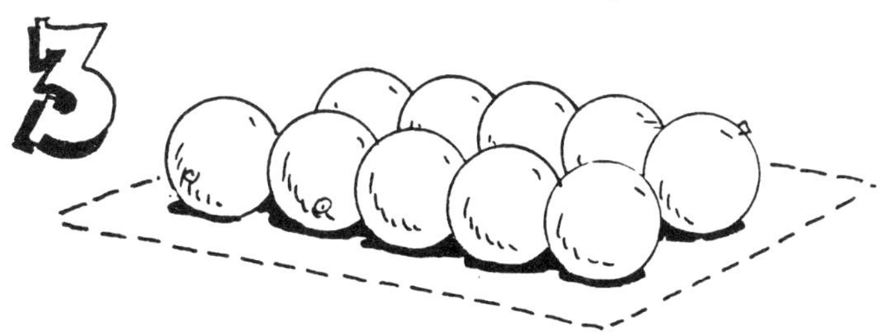

4
Turn the table upside down and place it gently on top of the balloons.

5
Push the rest of the balloons under the table, keeping them evenly spaced.

6
Ask your friend to steady the table on the balloons and then climb aboard. You are now supported by a cushion of air.

How does your craft hover?

Have you ever thought about what holds up cars? The tyres, of course. But it's really the air inside the tyres that supports the car. Hovercrafts work on the same principle—they ride on a cushion of air.

Water transport

You probably know that plants absorb water through their roots. But have you ever wondered how the water gets to the rest of the plant?

You will need:

1 celery stalk
a knife
a small glass of water
a few drops of food dye

THE EXPERIMENT

1
Put the food dye into the water. (Use enough dye to brightly colour the water.)

2
Cut about 1 centimetre off the bottom of the stalk of celery.

3
Put the celery in the glass of water, cut side down.

4
Leave the celery in the water for about half an hour. Use the knife to cut a section away from the outer skin of the celery stalk. What do you see?

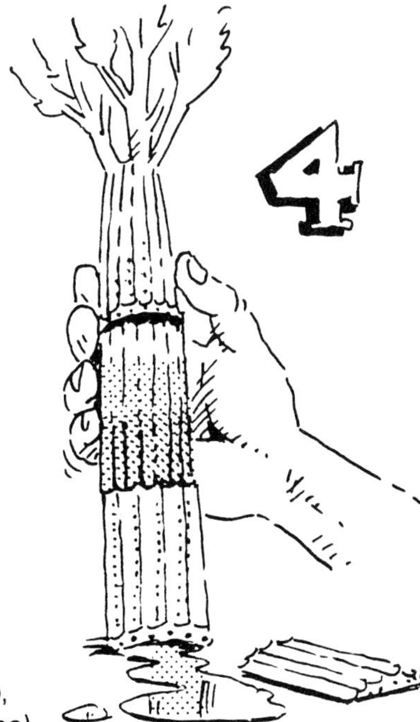

How does the water travel up the celery?

There are tunnels in the celery which are called capillary tubes. The water travels through these tubes by three processes: **cohesion** (water molecules attract and pull up other molecules), **adhesion** (water molecules are pulled up by the sides of the tubes) and **transpiration pull** (as water evaporates from the top, more water rises to take its place).

Two tone transport

Just as all roads don't lead to the same town, not all the water absorbed by a plant goes to the same place. This experiment will show you more about how water travels through plants.

You will need:

a white flower like a carnation or a gladiolus (try your local florist for flowers they're planning to throw out)
a sharp knife
2 glasses of water
2 different food dyes

THE EXPERIMENT

1
Put 1 teaspoon of dye into one glass of water and 1 teaspoon of the other dye into the other glass.

2
Cut about 10 cm of the stalk of the flower in half from the bottom. (See Step 3—the flower has to be able to stand in 2 glasses.) Make sure you don't break the half stems or bend them too much. This could break the tubes in which the water travels.

3
Stand the glasses close together and put one part of the flower stalk in each glass. Make sure the stems don't touch the bottom of the glasses.

4
Leave the flower in the water overnight. What magic greets your eyes in the morning?

What produced your two tone flower?

The capillary tubes in the stalk of the flower lead to different parts of the flower. This means that some of the food colouring travels to one part of the flower, and the other colouring to another part.

Bottled rainbows

The food colourings and inks that you buy in shops are often made up of not one but many different colours. The science of revealing these different component colours is called paper chromatography.

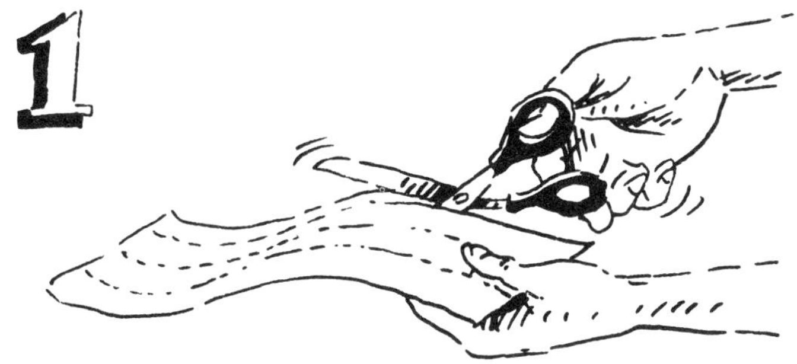

You will need:

blotting paper, approx. 4 cm × 20 cm
a glass jar, 15-20 cm tall
an eye dropper
sticky tape
a pencil or a biro
4 food dyes of different colours

THE EXPERIMENT

1
Cut the blotting paper into 4 strips about 1 cm wide and the same length as the depth of the jar.

2
Tape one end of the blotting paper to the pencil.

3
Using the eye dropper put a drop of food dye about 2 cm from the other end of the strip of blotting paper.

4
Pour water into the jar to a depth of approx. 1½ cm.

5
Balance the pencil or biro on the top of the jar so that the blotting paper hangs down into the water. (The drop of dye must be above the water.)

6
Wait until the water soaks into the blotting paper and rises almost to the pencil. Remove and try another, repeating Steps 2 to 6 for each of your food dyes.

7
Look at the blotting paper. Can you see different colours at different heights on the blotting paper?

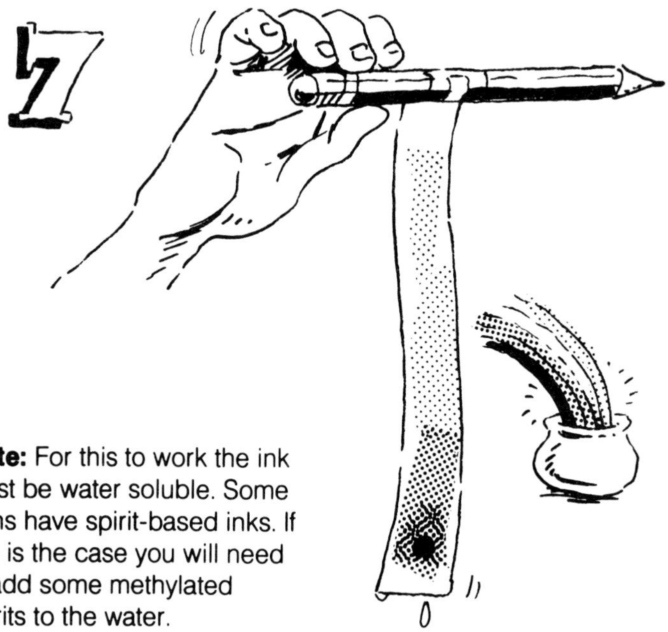

What put (or didn't put) the rainbow in your blotting paper

The water dissolves the drop of food colouring and this mixture is soaked up through the paper. The different chemicals in the mixture cling to the paper with different strengths. If one of the chemicals clings more strongly to the paper it will move up the paper more slowly. This is how the different chemicals become separated.

This process is used in scientific laboratories to identify small samples of substances and to check for purity.

Try the experiment with felt pens instead of food dyes (a brown pen is best because it is mixed from the greatest number of dyes). When you get to Step 3, draw a spot on the blotting paper about the same size as the drop of dye. Continue with the other steps.

Note: For this to work the ink must be water soluble. Some pens have spirit-based inks. If this is the case you will need to add some methylated spirits to the water.

Creating crystals

The dramatic crystal formations found in nature occur through evaporation. It is possible to create these fairyland structures (in miniature) in your own home.

You will need:

300 g crystal material (Epsom salts, copper sulphate, potash alum or rock salt)
approx. 500 ml water
pipe cleaners
approx. 10 cm cotton thread
a paddle pop stick (a good excuse to buy an ice-cream—otherwise use a boring old pencil)
2 glass jars (each approx 250 ml, one with a neck at least 5 cm in diameter)
a funnel
a coffee filter
a spoon

Note: *You can get the crystal materials from most pharmacies (try health food shops for rock salt). Gardening shops sell copper sulphate as bluestone. If you use copper sulphate, remember it is* ***poisonous****. Keep it in a safe place away from small children and pets—and wash your hands after using it.*

THE EXPERIMENT

1
Heat the water until it's almost boiling and pour it very carefully into the jar with the narrower neck. **(Ask an adult for help with this.)**

2
Add your crystal material slowly, stirring until it dissolves. Keep adding crystal material until you can't get any more to dissolve. This is called a **saturated** solution.

3
Place the coffee filter in the funnel and pour the mixture through the filter into the wide-necked jar. Make sure all the liquid goes through the filter. Let the solution cool to lukewarm.

4

5

6

4
Tie one of the leftover crystals to one end of the cotton thread and the other end to the paddle pop stick (making sure you've already eaten the ice-cream).

5
Suspend the crystal in the middle of the solution and store the jar in a dust-free spot.

6
Check on the experiment every day to see how your crystals grow.

Why do the crystals form?

In the experiment you have dissolved as much crystal material as is possible for that amount of water. But as days go by water evaporates, leaving less and less water in which the crystals can be dissolved. The solid material condenses out of the water and builds up on the crystal attached to the cotton.

You can make interesting shapes made up of lots of little crystals. Bend a pipe cleaner into an interesting shape and repeat the experiment, suspending the pipe cleaner instead of the crystal in Steps 4 and 5.

The people's periscope

It's not only naval engineers who can build periscopes—you can too. This activity is a little harder than some of the others and you will need to get an adult to help you, but it's worth the effort—your periscope will provide you with hours of fun.

You will need:

1 piece plywood, at least 45 cm × 27 cm
2 pieces of wood, each 50 cm × 5.3 cm × 2 cm (this can be pressed wood or any timber offcut)
*2 mirrors, each 7.5 cm × 5 cm (these can be obtained from hardware shops or some department stores, or you could go to a glazier for offcuts—**see very important note on page 23**)*
24 small nails
a saw
a hammer
a ruler
wood glue

1

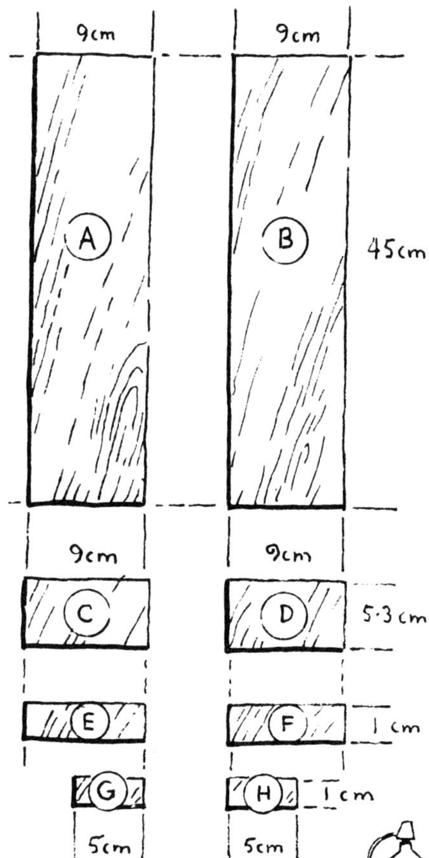

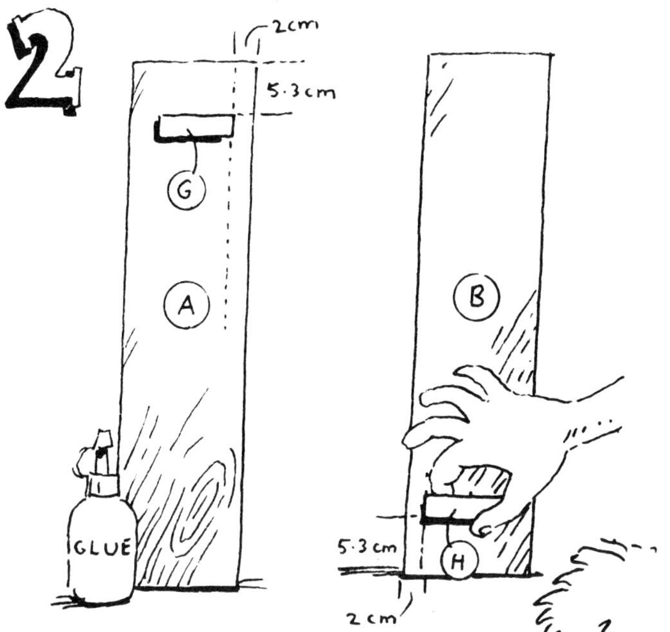

Making the periscope

1

Cut the plywood into pieces as follows: A and B 45 cm × 9 cm, C and D 9 cm × 5.3 cm, E and F 9 cm × 1 cm, and G and H 5 cm × 1 cm

2

Position and glue G to A and H to B as shown.

3

With the small pieces of plywood facing inward, nail A to one piece of wood and B to the other piece of wood.

4

Position sections A and B so that the two pieces of wood are parallel to each other and the two plywood pieces are parallel to each other. Nail section A to section B as shown.

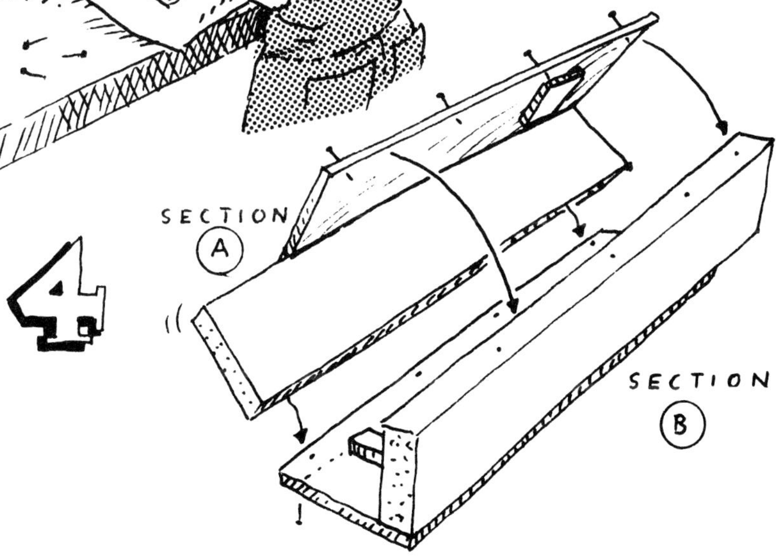

5
Nail E and F to each end of box as shown.

6
Fit one mirror at the top, shiny side facing outward, to sit between the wedge at the back and the one across the front that you've just put on.

7
Take C and nail it to the top of the box. Turn the box upside down and repeat Step 6. Nail D in position at this end. Your periscope is complete.

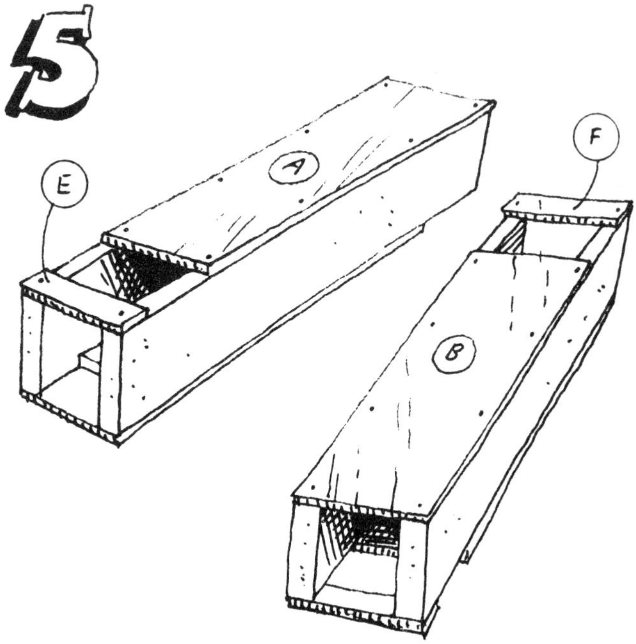

7

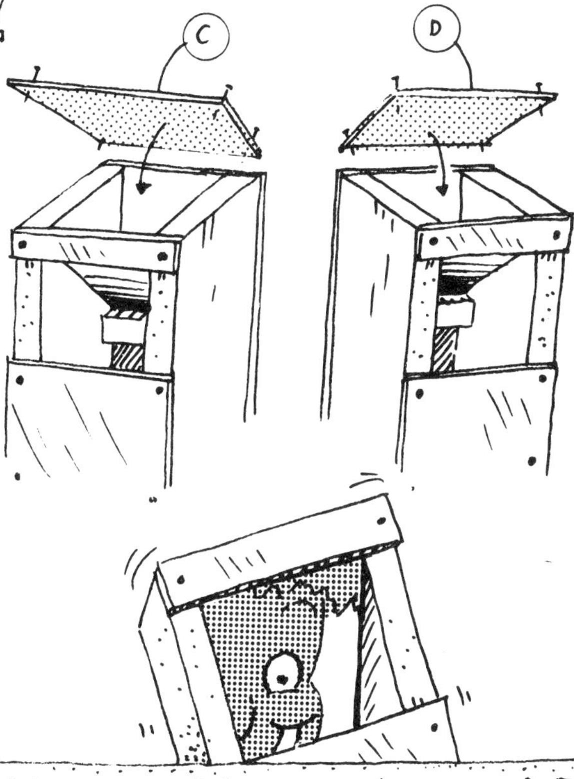

How does the periscope work?

The angle of the mirrors is the secret. Rays of light are reflected from a mirror at the same angle at which the light hits the mirror. We have designed our periscope so light comes in at one end, hits one mirror, goes straight up the middle of the periscope to the second mirror which reflects the light out and into your eye.

When your friends ask how it works, tell them that the angle of incidence equals the angle of reflection—that should impress 'em.

Very Important Note!

For your periscope to work it is essential that the mirrors are angled at 45° to the top and back of the box. If you can't get mirrors that are 7.5 cm long, you'll have to change the dimensions of the wood so that the mirrors are still at the correct angle. The position of the two plywood pieces used in Step 2 will also have to change.

Here is the formula to use to give you the width of the pieces of wood and the distance of the plywood pieces from the top and bottom of the box:

$$\sqrt{x^2 \div 2}$$

(x being the length of the mirror)

So if, for example, your mirrors are 8.5 cm long, you multiply 8.5 × 8.5, divide it by 2, then find the square root of that number; in this case, 6. Your pieces of wood will have to be 6 cm wide and the plywood wedges will have to be 6 cm from the top and bottom of the box.

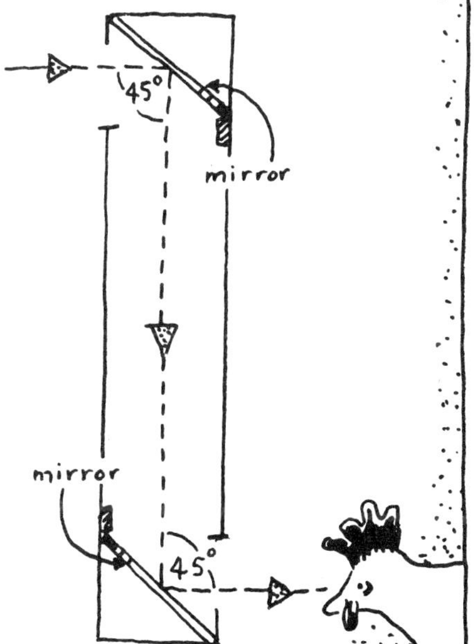

Electronic wizardry

In this experiment you learn to build a simple electrical circuit. We will use the circuit to find whether or not electricity passes through certain materials.

You will probably need to buy some of the parts for this experiment. Lamps, lamp sockets, battery holders, wire leads and alligator clips can be obtained quite cheaply from electronics stores like Dick Smith or Tandy.

1

2

You will need:

2 AA batteries
a battery holder
a lamp (2.5 volts, 0.3 amps)
a lamp socket
3 wire leads with alligator clips attached
materials and things to test such as a nail, a pencil, glass, a plastic container, a rubber band, a coin, wood, a stainless steel saucepan, a spoon, paper, matchstick

THE EXPERIMENT

1

Put the batteries in the battery holder.

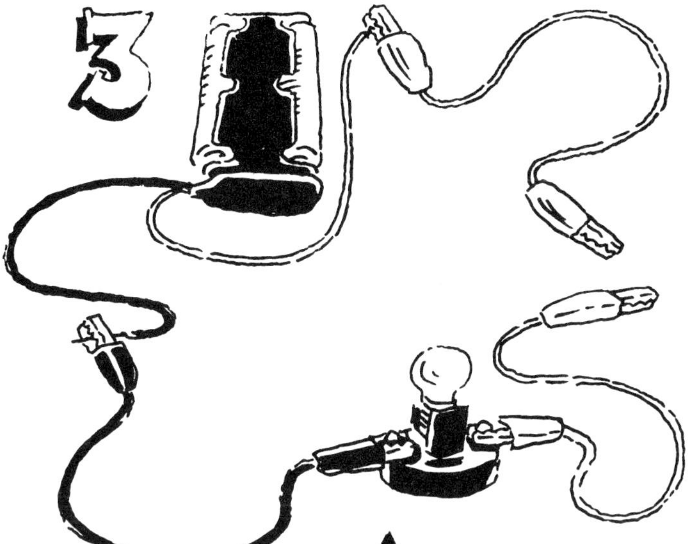

2
Screw the lamp into the lamp socket.

3
With the alligator clips attach wires to the lamp socket and battery holder as shown.

4
Take one of the items you have chosen to test and attach it to the two remaining alligator clips as shown. What happens? Does the lamp come on? Test the other items you have chosen.

Why does the lamp operate some times and not others?

Electricity can only pass along a circuit if it can flow through *everything* in that circuit. Some materials won't let electricity flow through them. If you have something in the circuit like this, electricity can't pass through the whole circuit so no electricity reaches the lamp.

If something lets electricity flow through it, it is called an electrical **conductor**. Materials which do not conduct electricity are called electrical **insulators**.

Warning!
Use batteries only for your source of electricity. Never experiment with electricity from power points – it is dangerous!

Electric coathanger game

This game tests just how steady your hand is. You can have lots of fun with a coathanger, a paperclip and the circuit you built on page 24.

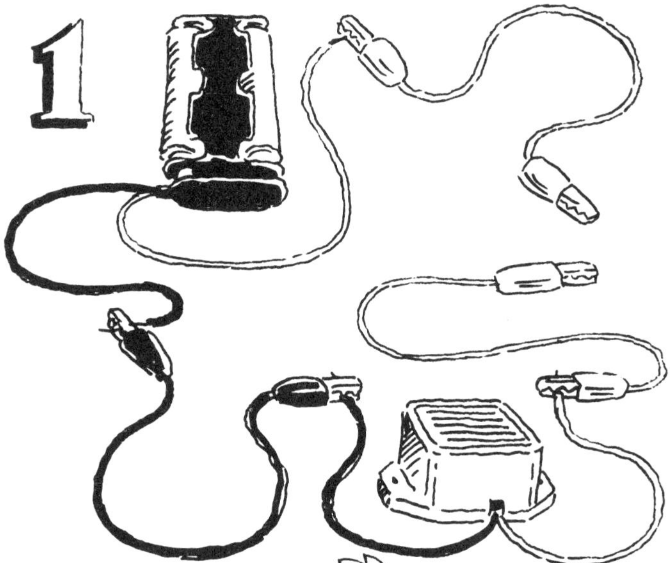

You will need:

a steel or wire coathanger (like the ones that come from drycleaners)
a large paperclip (or a piece of stiff wire)
3 wire leads with alligator clips attached
a battery holder
2 AA batteries
a lamp or buzzer (a buzzer is probably more fun here)

THE EXPERIMENT

1
Set up a circuit as described on page 24, Steps 1 to 3, substituting a buzzer for the lamp if you want to.

2
Bend the coathanger into a shape similar to the one shown. The circular base must be big enough for the coathanger shape to stand up.

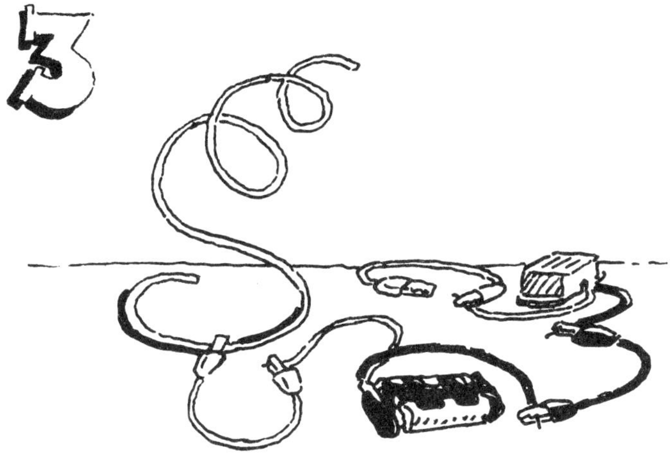

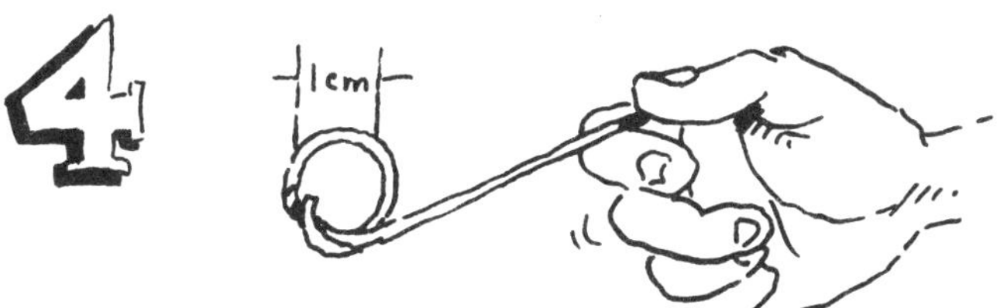

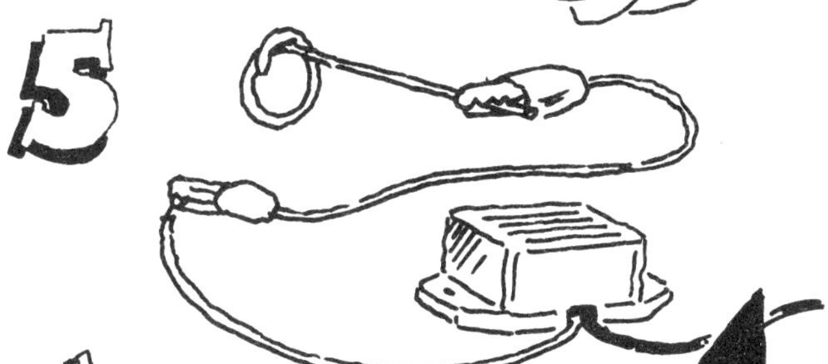

3
Using the alligator clips, connect the wire from the battery holder to the coathanger base loop.

4
Straighten the paperclip and then twist it into the shape shown. The loop should be about 1 cm in diameter.

5
With the alligator clip attach the end of the paperclip to the wire coming from the buzzer.

6
Run the paperclip loop over the coathanger. What happens when you touch the coathanger?

The game

Move the paperclip loop as fast as you can along the bent wire without letting the loop touch the wire. If you touch the coathanger wire, the electrical circuit will be completed and the buzzer or lamp will operate. Time yourself and your friends. Who is the quickest? If the buzzer sounds you're out. You can make the game harder by making the paperclip loop smaller or by making the coathanger wire twistier.

Warning!
Use batteries only for your source of electricity. Never experiment with electricity from power points - it is dangerous!

Spinning colour wheel

What happens when you spin a rainbow?

You will need:

a piece of white cardboard, at least 12 cm × 12 cm
red, orange, yellow, green, blue and deep purple paint
approx. 1 metre of string
a compass
a protractor

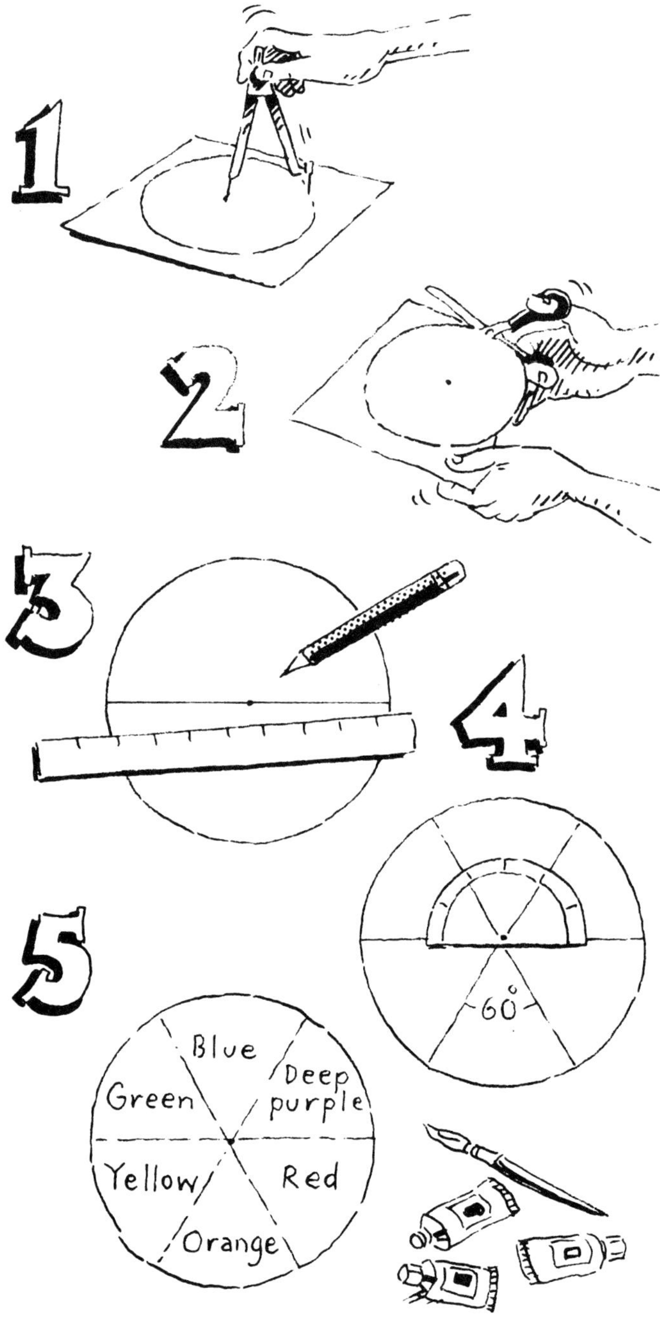

THE EXPERIMENT

1
Using the compass draw a circle with a 10 cm diameter. Make sure the point of the compass marks the cardboard so you know where the centre of the circle is.

2
Cut out the circle (or you may find it easier to cut it out after Step 6).

3
Draw a line through the centre of the circle.

4
Using the protractor, divide the circle into 6 equal segments.

5
Colour the sections in this order: red, orange, yellow, green, blue, deep purple.

6
Choose one of the diameters of the circle and mark a point on either side of the centre, each 1 cm from the centre. Make holes at each of these points.

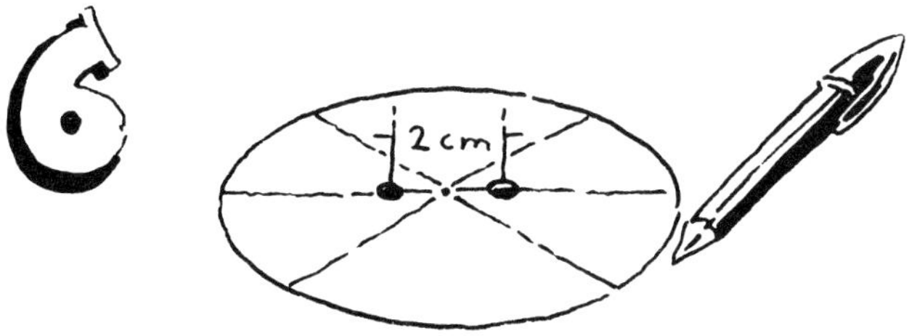

7
Thread the string through the holes and tie the ends together.

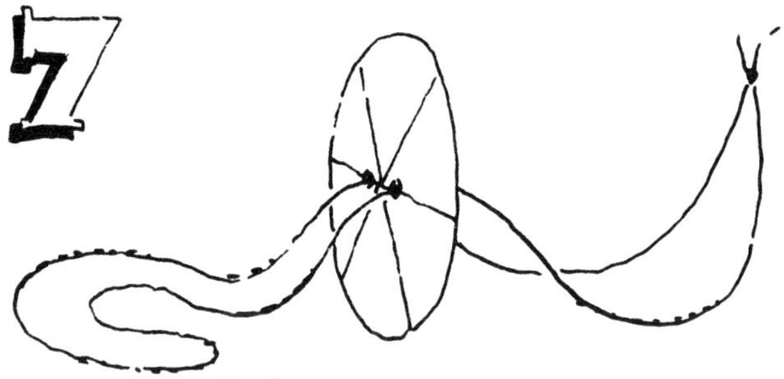

8
Hold each end of the string and get a friend to help you rotate the disc until the string is twisted fairly tightly.

9
Firmly but gently pull the string. What do you see?

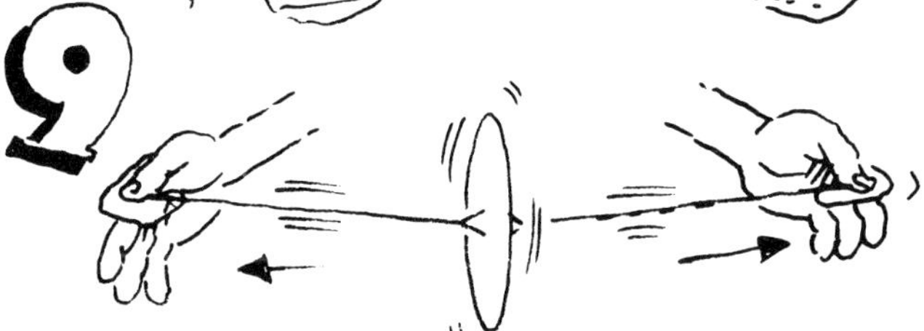

Why did the colours on the wheel change?

Ordinary light, or white light, is a mixture of the colours you used to paint the wheel. When the disc is spinning rapidly, the colours become mixed up, thus forming white. You may not be able to get a totally clear white, but see how close you can get.

Experimenting further with colours

Make a simple top with cardboard and a pencil.

Cut out as many cardboard discs as you like and mark the centre of each. Paint the discs in different colours (equal sections for each colour), place each over a pencil and spin it.

What colour do you see when the top is spinning?

Mapping your tongue

You probably know that your tongue is covered in taste buds, but did you know there are different types of taste buds?

You will need:

5 small glasses
1 teaspoon vinegar
1 teaspoon sugar
1 teaspoon salt
1 teaspoon lemon juice
a packet of cotton buds
an A4 sheet of paper
a pencil
a friend
dark fabric for a blindfold
water

THE EXPERIMENT

1
Half-fill four glasses with water and fill a fifth one for rinsing your mouth after each tasting.

2
Add some vinegar to the first glass, sugar to the second, salt to the third and lemon juice to the fourth. Then label each cup.

3
Draw an outline of your tongue and divide it into five areas as shown.

4
Put on the blindfold and poke out your tongue.

5
Ask your friend to dip the first cotton bud into one of the glasses and touch the area of your tongue numbered five on the tongue outline. Put up two fingers if it tastes strong, one finger for weak and no fingers if there is no taste.

6
Your friend should mark on the tongue outline whether the taste was strong, weak or tasteless as well as which solution it was.

7
Rinse your mouth and your friend can do the other areas in turn. Then they should try the other solutions in turn.

8
Do a tongue map showing which areas respond to the four different tastes—sweet (sugar), sour (vinegar), bitter (lemon juice) and salty (salt).

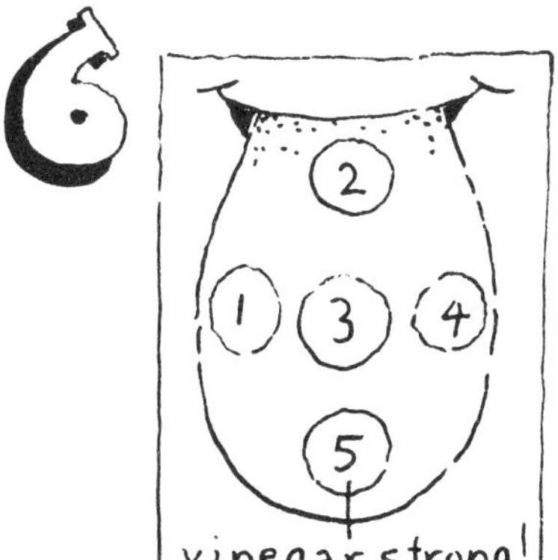

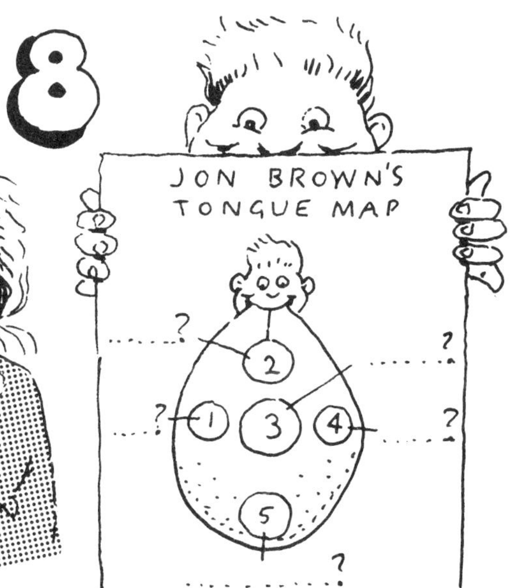

How does your tongue taste?

Your tongue has lots of tiny taste buds for detecting different flavours. There are four different sorts of taste buds for picking up different tastes and they are found on different parts of your tongue.

Fool Your Taste Buds

Why does food seem to lose its taste when you have a head cold? This experiment shows how the senses of smell and taste work together.

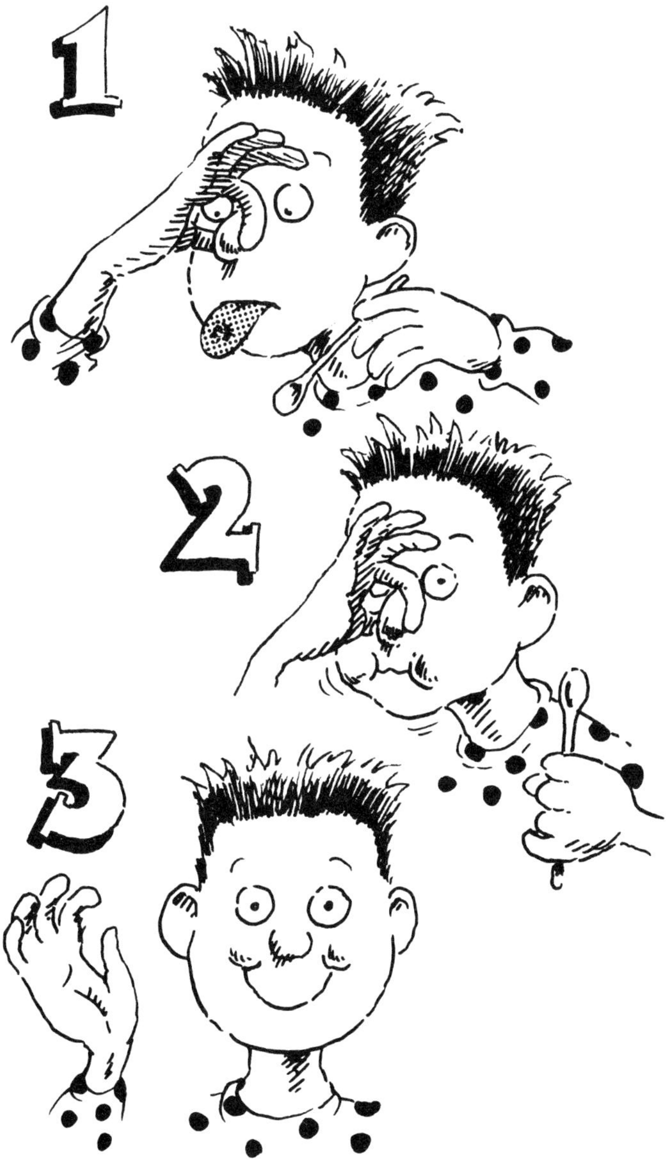

You will need:

a few instant coffee granules

THE EXPERIMENT

1
Hold your nose tight, stick out your tongue and place the coffee granules on it.

2
Still holding your nose tightly, chew the coffee. Roll it around on your tongue. Can you taste it?

3
Let go of your nose. Can you taste it now?

How does your nose taste?

Taste buds on your tongue only taste certain things. Detecting some flavours, like coffee, needs the sense of smell as well. That's why food often seems tasteless when you have a head cold and your nose is congested.